高タカ
②

下巻のはじめに

上巻・中巻では座席車にはじまり、マニ74形までを説明した。この下巻では続いてスニ75形以降の荷物車群と、事業用車について解説を進める。とりわけスニ75形は多数のバリエーションがあり、興味深い。

1968年の東北本線野内〜青森間のルート変更で廃止された浦町駅(青森県)に停車する、マニ76 2032(マニ76-Bタイプ)を最後部とする下り列車。
1962.3.25　浦町　P：沢柳健一

スニ75 29(スニ75-Aタイプ)。1-3位側を示す。　P：葛　英一

4. 形式別解説(郵便・荷物車)続き

4. 12　スニ75形

スニ75形はオハ70形改造の17m級の荷物車である。1952年から翌年にかけて1～36、38～41、46～59、62・63、76・77、79、91～111の79両が登場している。91～は電車台枠流用車として区分されている。車端に出入台がある点がスニ73形と異なっている。電車タイプはスニ73形に集約されたため、客車タイプのみである。種車のバリエーションに順じて、計17タイプが確認されている。

スニ75-A・Bタイプはオハ70形標準車体車からの改造で、便所の位置違いがそのまま残っている。スニ75-C・Dタイプは、これらの荷物扉が後位側にずれた変形車で、多度津工場改造車の特徴となっている。マニ75-E～Qタイプは復旧前の窓配置が残っている異端車である。

■スニ75形形式図　標準車体車のうち、便所が3位のタイプが図面化されている。ここではスニ75-Bタイプとして区分した。

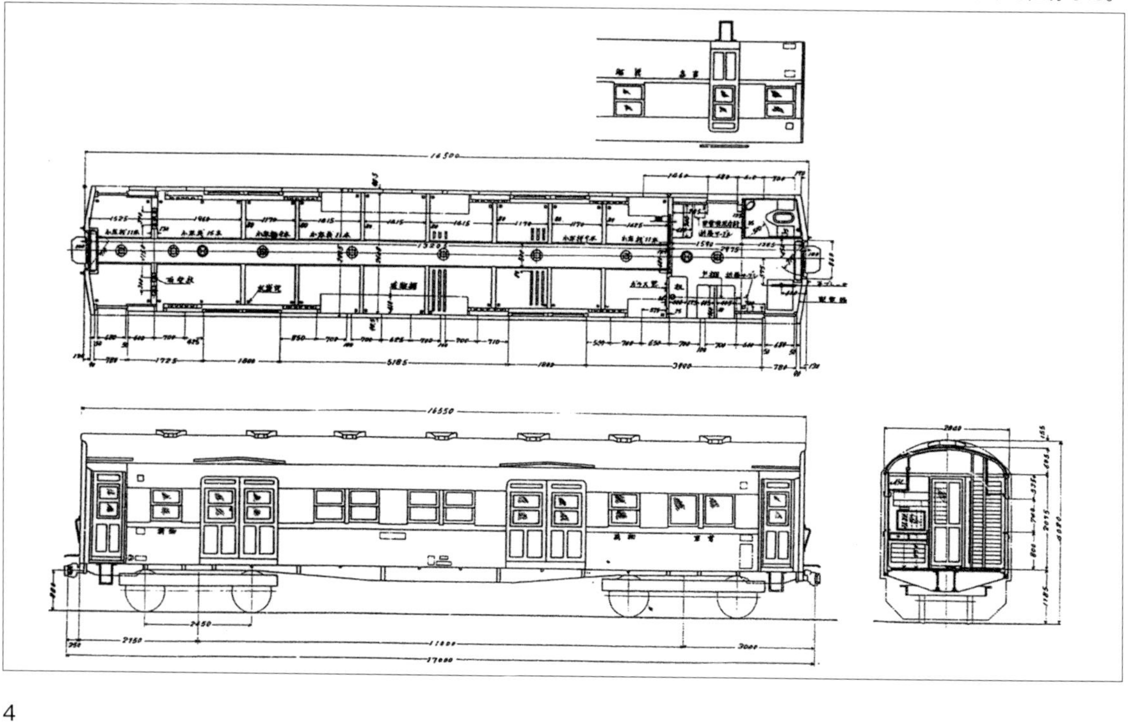

■スニ75形 形態分類表（1）

落成							その後の改造			その後の改造・廃車			
形式番号	妻面・屋根形状	台車	分類	落成年月日	場区	落成配置	形式番号	年月日	場区	最終配置	形式番号	年月日	摘要
スニ 75 1	直線折妻・キャンバス	TR11系	スニ75-Cタイプ	1953. 2. 18	多度津	（岡）				岡山	オエ 70 29	1962. 7. 31	
スニ 75 2	直線折妻・キャンバス	TR11系	スニ75-Cタイプ	1953. 1. 9	多度津	（岡）				岡山		1967. 3. 31	
スニ 75 3	直線折妻・キャンバス	TR11系	スニ75-Cタイプ	1952. 11. 27	多度津	上野				竜華		1968. 2. 23	
スニ 75 4	直線折妻・キャンバス	TR23系	スニ75-Cタイプ	1952. 12. 6	多度津	（門）				八代		1966. 8. 4	*1
スニ 75 5	直線折妻・鋼板	TR11系	スニ75-Eタイプ	1953. 3. 7	多度津	（門）				八代		1962. 3. 31	
スニ 75 6	直線折妻・鋼板	TR11系	スニ75-Fタイプ	1952. 11. 15	西鹿児島	（門）				門司港		1960. 10. 15	
スニ 75 7	直線折妻・鋼板	TR11系	スニ75-Gタイプ	1953. 3. 13	多度津	（門）				門司港		1960. 12. 6	
スニ 75 8	直線折妻・鋼板	TR11系	スニ75-Hタイプ	1953. 3. 17	多度津	（門）				熊本	オエ 70 33	1963. 9. 30	
スニ 75 9	直線折妻・鋼板	TR11系	スニ75-Iタイプ	1952. 11. 21	多度津	上野				鳥栖		1960. 10. 15	
スニ 75 10	直線折妻・鋼板	TR11系	スニ75-Jタイプ	1952. 11. 30	多度津	（門）				門司港	オエ 70 45	1964. 1. 22	
スニ 75 11	直線折妻・鋼板	TR11系	スニ75-Kタイプ	1953. 1. 26	多度津	（門）				門司港	オエ 70 18	1962. 10. 13	
スニ 75 12	直線折妻・キャンバス	TR11系	スニ75-Cタイプ	1952. 11. 12	多度津	（名）				岡山		1961. 10. 4	
スニ 75 13	直線折妻・キャンバス	TR11系	スニ75-Cタイプ	1952. 11. 12	多度津	（広）				広島	オエ 70 50	1964. 12. 18	
スニ 75 14	直線折妻・キャンバス	TR11系	スニ75-Dタイプ	1952. 11. 27	多度津	（名）				竜華		1966. 9. 22	AC有
スニ 75 15	直線折妻・キャンバス	TR11系	スニ75-Aタイプ	1952. 11. 27	旭川	（名）				竜華		1966. 8. 25	
スニ 75 16	直線折妻・キャンバス	TR11系	スニ75-Aタイプ	1952. 11. 29	旭川	（名）				名古屋	オエ 70 54	1965. 3. 31	
スニ 75 17	直線折妻・キャンバス	TR11系	スニ75-Bタイプ	1953. 1. 30	西鹿児島	（名）				名古屋	オエ 70 42	1964. 2. 29	
スニ 75 18	直線折妻・キャンバス	TR11系	スニ75-Lタイプ	1953. 1. 10	西鹿児島	（名）				名古屋	オエ 70 41	1964. 2. 29	
スニ 75 19	直線折妻・キャンバス	TR11系	スニ75-Bタイプ	1953. 2. 18	旭川	（東）				福井		1959. 11. 27	AC有
スニ 75 20	直線折妻・キャンバス	TR11系	スニ75-Bタイプ	1952. 12. 17	西鹿児島	（金）				福井	オエ 70 25	1963. 1. 10	AC有
スニ 75 21	直線折妻・キャンバス	TR11系	スニ75-Dタイプ	1953. 2. 6	多度津	（大）				門司港	オエ 70 19	1962. 11. 5	AC有
スニ 75 22	直線折妻・キャンバス	TR11系	スニ75-Mタイプ	1952. 11. 18	西鹿児島	（金）				福井		1961. 8. 18	事故, AC有
スニ 75 23	丸屋根・キャンバス	TR11系	スニ75-Bタイプ	1952. 12. 27	盛岡	（東）				金沢	オエ 70 22	1962. 7. 31	AC有
スニ 75 24	丸屋根・キャンバス	TR11系	スニ75-Bタイプ	1953. 2. 25	西鹿児島	（門）				（札）	オエ 70 39	1964. 2. 15	
スニ 75 25	丸屋根・キャンバス	TR11系	スニ75-Bタイプ	1953. 3. 4	西鹿児島	（門）				門司港	オエ 70 31	1963. 3. 30	
スニ 75 26	丸屋根・キャンバス	TR11系	スニ75-Aタイプ	1953. 3. 31	盛岡	（盛）				金沢	オエ 70 27	1963. 2. 7	
スニ 75 27	直線折妻・キャンバス	TR11系	スニ75-Bタイプ	1953. 2. 28	盛岡	（東）				上野	オエ 70 35	1963. 3. 30	
スニ 75 28	直線折妻・キャンバス	TR11系	スニ75-Aタイプ	1952. 11. 28	旭川	（金）				金沢		1960. 8. 30	
スニ 75 29	直線折妻・キャンバス	TR11系	スニ75-Aタイプ	1952. 12. 24	旭川	（金）				金沢	オエ 70 13	1962. 3. 29	
スニ 75 30	直線折妻・キャンバス	TR11系	スニ75-Bタイプ	1952. 12. 27	旭川	上野				尾久		1964. 12. 5	
スニ 75 31	直線折妻・キャンバス	TR11系	スニ75-Bタイプ	1953. 3. 28	旭川	（東）				上野		1965. 7. 21	
スニ 75 32	直線折妻・キャンバス	TR11系	スニ75-Bタイプ	1953. 1. 31	旭川	（札）	スニ 75 2032	1959. 11.	大宮	尾久		1967. 2. 2	
スニ 75 33	直線折妻・キャンバス	TR11系	スニ75-Bタイプ	1953. 1. 30	旭川	（旭）	スニ 75 2033	1959. 12.	大宮	尾久		1965. 7. 21	
スニ 75 34	低屋根・キャンバス	TR11系	スニ75-Bタイプ	1953. 3. 31	旭川	（東）	スニ 75 2034	1959. 10.	大宮	尾久		1966. 3. 31	
スニ 75 36	直線折妻・キャンバス	TR11系	スニ75-Dタイプ	1953. 1. 17	多度津	（金）				福井		1959. 9. 21	
スニ 75 38	丸屋根・キャンバス	TR11系	スニ75-Nタイプ	1952. 10. 31	西鹿児島	（盛）				飯田町		1965. 7. 21	
スニ 75 39	直線折妻・キャンバス	TR11系	スニ75-Dタイプ	1953. 1. 31	多度津	（仙）	スニ 75 2039	1960.	大宮	青森		1966. 6. 11	
スニ 75 40	直線折妻・キャンバス	TR11系	スニ75-Dタイプ	1953. 2. 13	多度津	（仙）	スニ 75 2040	1961.	大宮	青森		1966. 6. 11	
スニ 75 41	直線折妻・キャンバス	TR11系	スニ75-Dタイプ	1953. 2. 26	多度津	（岡）				岡山		1967. 3. 31	
スニ 75 46	直線折妻・キャンバス	TR11系	スニ75-Bタイプ	1952. 10. 30	旭川	（新）				新潟	オエ 70 14	1961. 12. 15	AC有
スニ 75 47	直線折妻・キャンバス	TR11系	スニ75-Bタイプ	1953. 3. 12	盛岡	（金）				下関		1965. 12. 16	AC有
スニ 75 48	直線折妻・キャンバス	TR11系	スニ75-Bタイプ	1953. 3. 21	旭川	（金）				金沢		1964. 1. 31	AC有、*2
スニ 75 49	直線折妻・キャンバス	TR11系	スニ75-Bタイプ	1952. 10. 25	西鹿児島	（静）				小松島	オエ 70 51	1965. 3. 10	
スニ 75 50	直線折妻・キャンバス	TR11系	スニ75-Bタイプ	1953. 2. 26	旭川	（新）				新潟		1965. 2. 13	
スニ 75 51	直線折妻・キャンバス	TR11系	スニ75-Bタイプ	1952. 10. 31	盛岡	（東）				飯田町		1965. 11. 4	
スニ 75 52	直線折妻・キャンバス	TR11系	スニ75-Bタイプ	1953. 3. 11	鹿児島	（門）				門司港		1958. 11. 10	AC有
スニ 75 53	直線折妻・キャンバス	TR11系	スニ75-Bタイプ	1952. 10. 31	旭川	尾久				門司港	オエ 70 32	1963. 3. 31	
スニ 75 54	直線折妻・キャンバス	TR11系	スニ75-Bタイプ	1953. 3. 17	盛岡	（門）				門司港		1961. 9. 21	AC有
スニ 75 55	直線折妻・キャンバス	TR11系	スニ75-Bタイプ	1952. 10. 28	旭川	（門）				門司港	オエ 70 34	1963. 3. 30	
スニ 75 56	直線折妻・キャンバス	TR11系	スニ75-Bタイプ	1952. 12. 4	旭川	（門）				門司港		1963. 2. 6	
スニ 75 57	直線折妻・キャンバス	TR11系	スニ75-Bタイプ	1952. 11. 17	旭川	（金）				金沢		1964. 1. 31	AC有
スニ 75 58	直線折妻・キャンバス	TR11系	スニ75-0タイプ	1952. 11. 27	旭川	尾久	スニ75 2058	1960.	大宮	尾久		1965. 7. 21	
スニ 75 59	直線折妻・キャンバス	TR11系	スニ75-Pタイプ	1953. 1. 28	旭川	（仙）	スニ75 2059	1960.	大宮	青森		1965. 7. 21	
スニ 75 62	直線折妻・キャンバス	TR11系	スニ75-Aタイプ	1952. 12. 17	盛岡	（新）				新潟		1965. 2. 13	
スニ 75 63	直線折妻・キャンバス	TR11系	スニ75-Aタイプ	1952. 12. 25	盛岡	（盛）				青森		1966. 3. 31	
スニ 75 76	直線折妻・キャンバス	TR11系	スニ75-Bタイプ	1952. 12. 27	西鹿児島	（岡）				竜華		1966. 1. 21	
スニ 75 77	直線折妻・キャンバス	TR11系	スニ75-Dタイプ	1952. 11.	多度津	（長）				長岡	オエ 70 60	1965. 9. 23	
スニ 75 79	直線折妻・キャンバス	TR11系	スニ75-Dタイプ	1952. 11.	多度津	（金）				金沢	オエ 70 44	1964. 2. 1	AC有
スニ 75 91	直線切妻・キャンバス	TR11系	スニ75-Dタイプ	1952. 9. 30	多度津	（金）				岡山	オエ 70 36	1963. 2. 20	
スニ 75 92	直線切妻・キャンバス	TR11系	スニ75-Rタイプ	1952. 10. 31	盛岡	（岡）				竜華		1966. 3. 31	
スニ 75 93	直線切妻・キャンバス	TR11系	スニ75-Bタイプ	1952. 11. 29	盛岡	（盛）	スニ 75 2093	1960.	大宮	青森		1966. 3. 31	
スニ 75 94	直線切妻・キャンバス	TR11系	スニ75-Bタイプ	1952. 11. 29	盛岡	（東）	スニ75 2094	1960.	盛岡	仙台		1966. 12. 31	
スニ 75 95	直線切妻・キャンバス	TR11系	スニ75-Bタイプ	1952. 12. 13	盛岡	尾久	スニ75 2095	1960.	盛岡	仙台		1966. 12. 31	
スニ 75 96	直線切妻・キャンバス	TR11系	スニ75-Bタイプ	1952. 11. 29	旭川	（名）				名古屋	オエ 70 12	1962. 3. 31	
スニ 75 97	直線切妻・キャンバス	TR11系	スニ75-Bタイプ	1952. 11. 27	旭川	（門）				吉松		1964. 3. 4	
スニ 75 98	直線切妻・キャンバス	TR11系	スニ75-Bタイプ	1952. 12. 18	旭川	（門）				鹿児島		1967. 10. 19	
スニ 75 99	直線切妻・キャンバス	TR11系	スニ75-Bタイプ	1953. 1. 29	西鹿児島	（門）				鳥栖		1964. 9. 21	
スニ 75 100	直線切妻・キャンバス	TR11系	スニ75-Bタイプ	1953. 1. 26	盛岡	（盛）	スニ 75 2100	1961.	盛岡	仙台		1967. 2. 15	

※AC有：アンチクライマーあり　*1（スニ75 4）：廃車後スエ31 17に振替　*2（スニ75 48）：オエ70 27(二代目車体)に振替

■スニ75形 形態分類表(2)

落成							その後の改造			その後の改造・廃車			
形式番号	妻面・屋根形状	台車	分類	落成年月日	場区	落成配置	形式番号	年月日	場区	最終配置	形式番号	年月日	摘要
スニ 75 101	直線切妻・キャンバス	TR11系	スニ75-Bタイプ	1953. 1. 28	盛岡	静				高松	オエ 70 52	1965. 3. 27	
スニ 75 102	直線切妻・キャンバス	TR11系	スニ75-Bタイプ	1953. 1. 31	盛岡	(秋)				飯田町		1964. 6. 1	
スニ 75 103	直線切妻・キャンバス	TR11系	スニ75-Bタイプ	1953. 2. 21	盛岡	(新)				新潟		1966. 3. 24	
スニ 75 104	直線切妻・キャンバス	TR11系	スニ75-Bタイプ	1953. 3. 14	盛岡	(新)				松山	オエ 70 53	1965. 3. 20	
スニ 75 105	直線切妻・キャンバス	TR11系	スニ75-Bタイプ	1953. 1. 23	西鹿児島	(仙)	スニ 75 2105	1960.	盛岡	仙台		1967. 2. 15	
スニ 75 106	直線切妻・キャンバス	TR11系	スニ75-Bタイプ	1953. 3. 11	旭川	(名)				名古屋	オエ 70 55	1965. 3. 31	
スニ 75 107	直線切妻・キャンバス	TR11系	スニ75-Bタイプ	1953. 3. 7	旭川	(名)				名古屋	オエ 70 56	1965. 3.	
スニ 75 108	直線切妻・キャンバス	TR23系	スニ75-Bタイプ	1953. 3. 20	旭川	(門)				門司港	オエ 70 7	1961.12. 14	
スニ 75 109	直線切妻・キャンバス	TR11系	スニ75-Bタイプ	1953. 3. 30	盛岡	(水)				新津	オエ 70 61	1966. 3. 12	
スニ 75 110	直線切妻・キャンバス	TR11系	スニ75-Dタイプ	1953. 3. 24	多度津	(門)				吉松	オエ 70 57	1965. 3. 31	
スニ 75 111	低屋根・キャンバス	TR11系	スニ75-Qタイプ	1952. 11. 28	盛岡	青森				青森	スニ 75 151	1953. 6.	AC有
スニ 75 151				1953. 6.	改番	青森	スニ 75 2151			青森		1966.12. 31	

※AC有：アンチクライマーあり

スニ 75 25(スニ75-Bタイプ)。2-4位側を示す。数少ない丸屋根車である。　1957.2.21　門司　P：久保　敏

スニ 75 52(スニ75-Bタイプ)。1-3位側を示す。　1957.2.18　門司港　P：久保　敏

スニ 75 92(スニ75-Bタイプ)。2-4位側を示す。電車台枠流用のため完全切妻である。
1961.8.12　茶屋町
P：久保　敏

スニ 75 108(スニ75-Bタイプ)。2-4位側を示す。TR23系台車を履いている。電車台枠流用のため完全切妻である。
1957.2.18　門司　P：久保　敏

スニ 75 4(スニ75-Cタイプ)。2-4位側を示す。こちらもTR23系台車を履いている。　1957.5.22　門司港　P：久保　敏

スニ 75 1(スニ75-Cタイプ)。1-3位側を示す。
1957.1.25　門司
P：久保　敏

スニ 75 2(スニ75-Cタイプ)。1-3位側を示す。
1960.7.30　品川客車区
P：久保　敏

元スニ75 1(スニ75-Cタイプ)のオエ70 29(複数写真の合成)。2-4位側側面を示す。　1984.4.1　岡山機関区　P：野村一夫

スニ75 40(スニ75-Dタイプ)。2-4位側を示す。
1955.2.3　郡山　P：瀬古龍雄

スニ75 39(スニ75-Dタイプ)。1-3位側を示す。　P：鈴木靖人

スニ75 5（スニ75-Eタイプ）。1-3位側を示す。オハ31形の車体流用のオハ70形（オハ70-Dタイプ）からの改造。
1958.3.24　鳥栖
P：筏井満喜夫

スニ75 5（スニ75-Eタイプ）。2-4位側を示す。
P：鈴木靖人

スニ 75 7（スニ75-Gタイプ）。1-3位側を示す。オハ31形の車体流用のオハ70形（オハ70-Fタイプ）からの改造。
1957.2.18　門司
P：久保　敏

スニ75 7（スニ75-Gタイプ）。2-4位側を示す。
1959.10.11　宮原
P：筏井満喜夫

スニ 75 6(スニ75-Fタイプ)。2-4位側を示す。スニ30形の車体流用のオハ70形(オハ70-Eタイプ)からの改造。
1957.7.16　荒尾
P：久保　敏

スニ75 8(スニ75-Hタイプ)。2-4位側を示す。オハ31形の車体流用のオハ70形(オハ70-Gタイプ)からの改造。
1960.3.7　宮崎
P：荻原二郎

スニ75 8(スニ75-Hタイプ)。1-3位側を示す。
P：鈴木靖人

スニ75 9(スニ75-Iタイプ)。1-3位側を示す。オハ31形の車体流用のオハ70形(オハ70-Hタイプ)からの改造。
P：鈴木靖人

スニ75 18(スニ75-Lタイプ)。1-3位側を示す。オハ31形の車体流用のオハ70形(オハ70-Kタイプ)からの改造。　P：鈴木靖人

スニ75 11(スニ75-Kタイプ)。1-3位側を示す。オハ31形の車体流用のオハ70形(オハ70-Jタイプ)からの改造。
1962.6.5　門司　P：豊永泰太郎

スニ75 10(スニ75-Jタイプ)。2-4位側を示す。オロハ30形の車体流用のオハ70形(オハ70-Iタイプ)からの改造。
1959.4.3　西鹿児島
P：筏井満喜夫

スニ75 22(スニ75-Mタイプ)。2-4位側を示す。標準的なオハ70形(オハ70-Bタイプ)からの改造であるが、窓配置が変則である。
1955.1.6　宮原
P：佐竹保雄

スニ 75 38(スニ75-Nタイプ)。2-4位側を示す。オハ31形の車体流用のオハ70形(オハ70-Mタイプ)からの改造。
1963.8.24　松本
P：久保　敏

スニ75 38（スニ75-Nタイプ）。
1-3位側を示す。
1963.9.15　飯田町客貨車区
P：豊永泰太郎

スニ75 58（スニ75-Oタイプ）。
2-4位側を示す。オハ31形の車体流用のオハ70形（オハ70-Nタイプ）からの改造。
1957.4.21　尾久客車区
P：江本廣一

スニ75 2058（スニ75-Oタイプ）。
1-3位側を示す。
P：富樫俊介

スニ75 2059（スニ75-Pタイプ）。1-3位側を示す。オロ31形の車体流用のオハ70形（オハ70-Oタイプ）からの改造。　P：富樫俊介

スニ75 2059(スニ75-Pタイプ)。
2-4位側を示す。
1963.3.18　高崎駅
P：片山康毅

スニ 75 2151(スニ75-Qタイプ)。2-4位側を示す。オハ31形の車体流用のオハ70形(オハ70-Lタイプ)からの改造。低屋根もそのまま残った。
1958.2.5　高崎　P：久保　敏

スニ 75 2151(スニ75-Qタイプ)。
1-3位側を示す。
1962.11.11　尾久客車区
P：豊永泰太郎

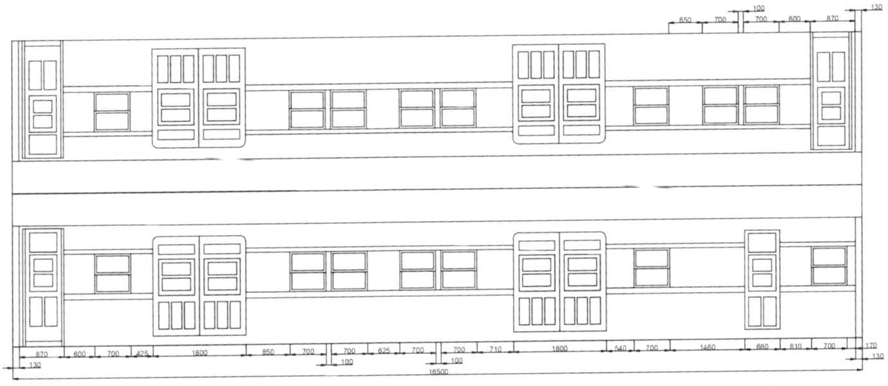

▲スニ75-Aタイプ：便所が４位側にあるオハ70形標準車からの改造(オハ70-Aタイプ)。

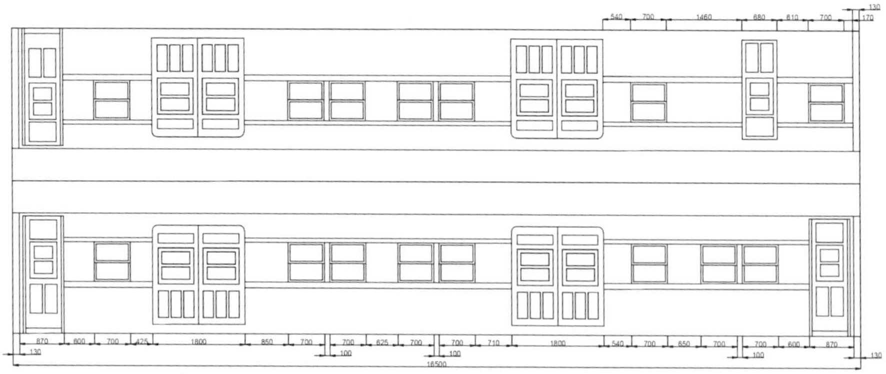

▲スニ75-Bタイプ：便所が３位側にあるオハ70形標準車からの改造(オハ70-Bタイプ)。

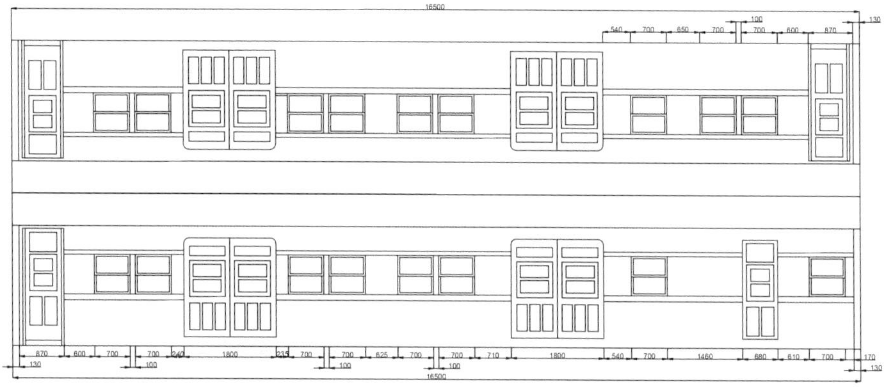

▲スニ75-Cタイプ：スニ75-Aタイプに近いが、多度津工場改造特有の窓配置変則車。

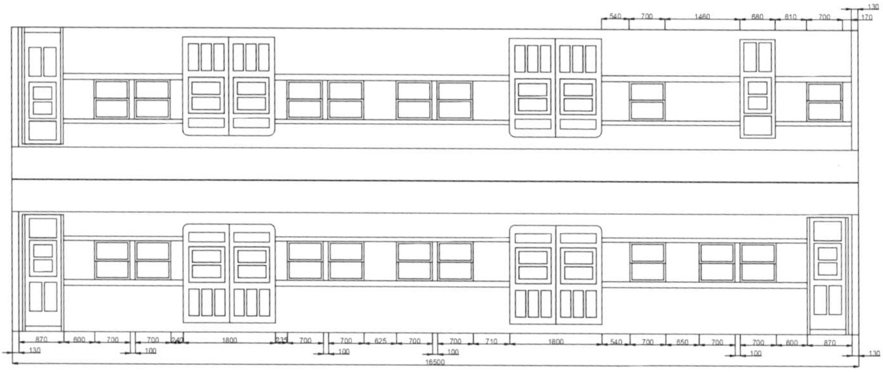

▲スニ75-Dタイプ：スニ75-Bタイプに近いが、多度津工場改造特有の窓配置変則車。

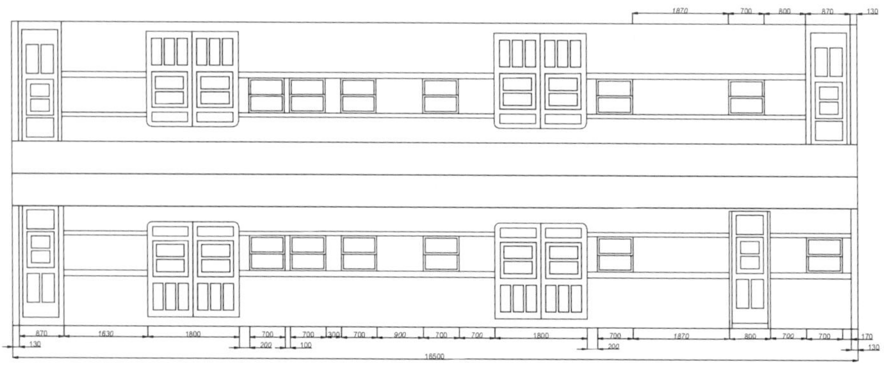

▲スニ75-Eタイプ：オハ31形の車体流用のオハ70形からの改造(オハ70-Dタイプ)。

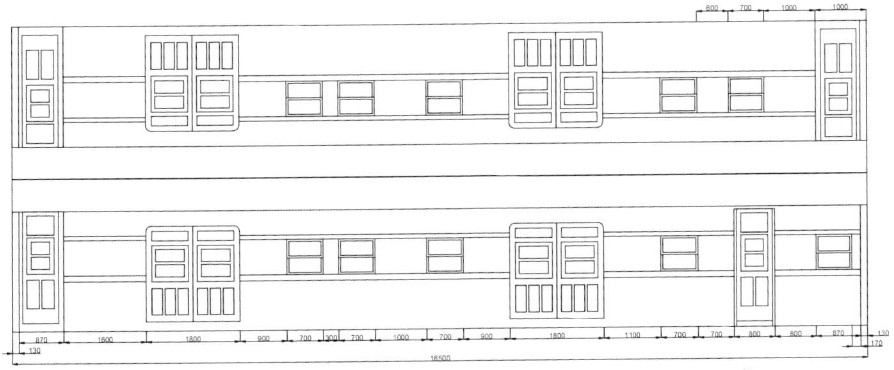

▲スニ75-Fタイプ： スニ30形の車体流用のオハ70形からの改造（オハ70-Eタイプ）。

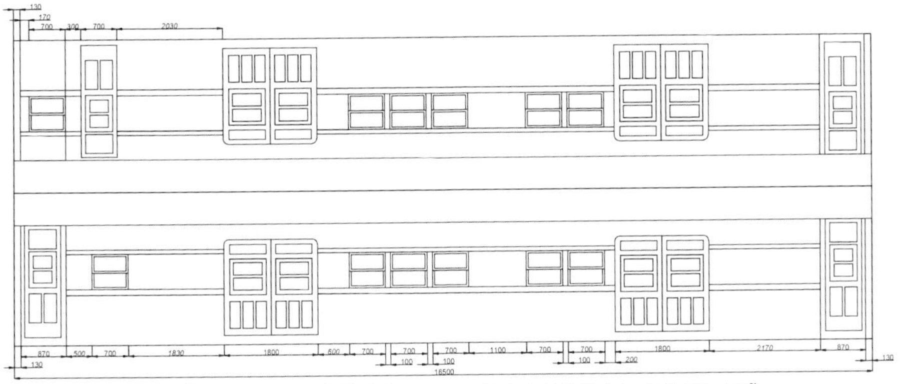

▲スニ75-Gタイプ： オハ31形の車体流用のオハ70形からの改造（オハ70-Fタイプ）。

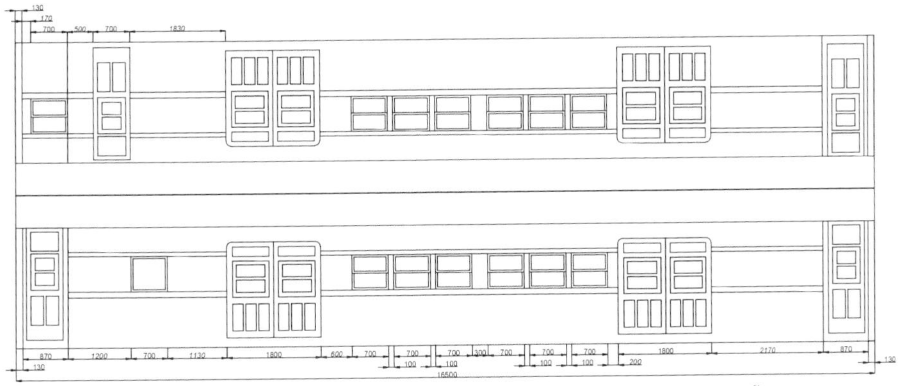

▲スニ75-Hタイプ： オハ31形の車体流用のオハ70形からの改造（オハ70-Gタイプ）。

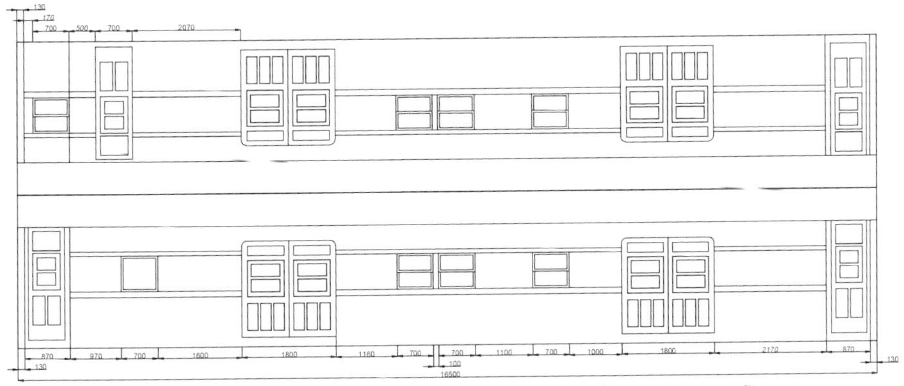

▲スニ75-Iタイプ： オハ31形の車体流用のオハ70形からの改造（オハ70-Hタイプ）。

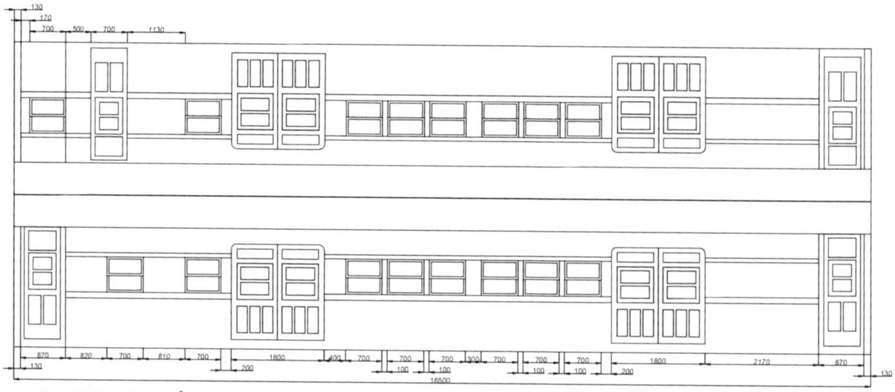

▲スニ75-Jタイプ：オハ31形の車体流用のオハ70形からの改造(オハ70-Iタイプ)。

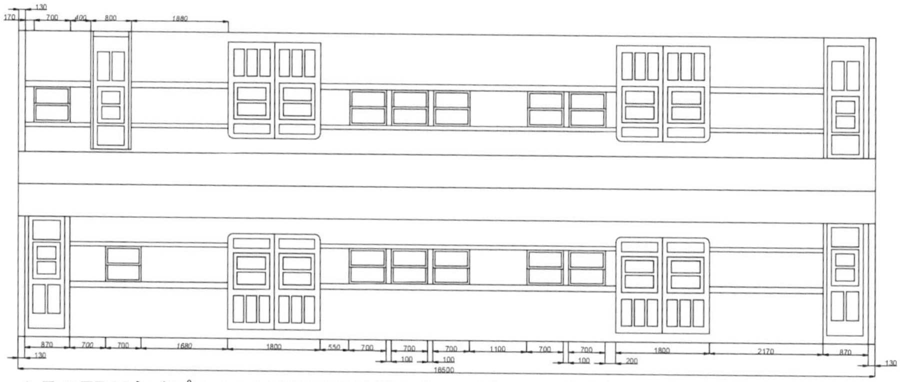

▲スニ75-Kタイプ：オハ31形の車体流用のオハ70形からの改造(オハ70-Jタイプ)。

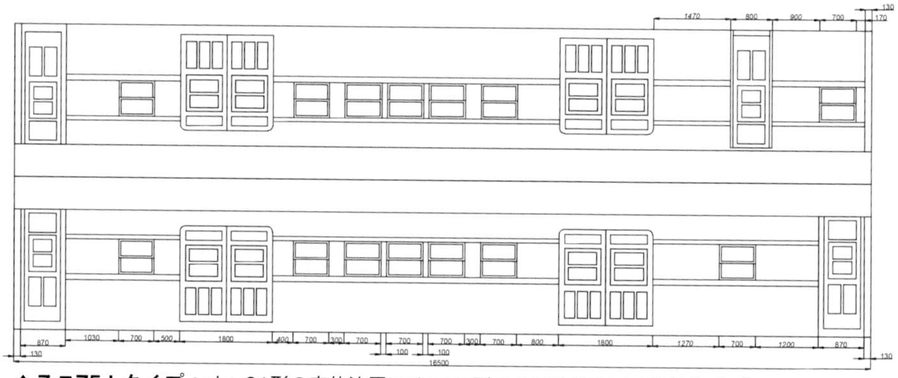

▲スニ75-Lタイプ：オハ31形の車体流用のオハ70形からの改造(オハ70-Kタイプ)。

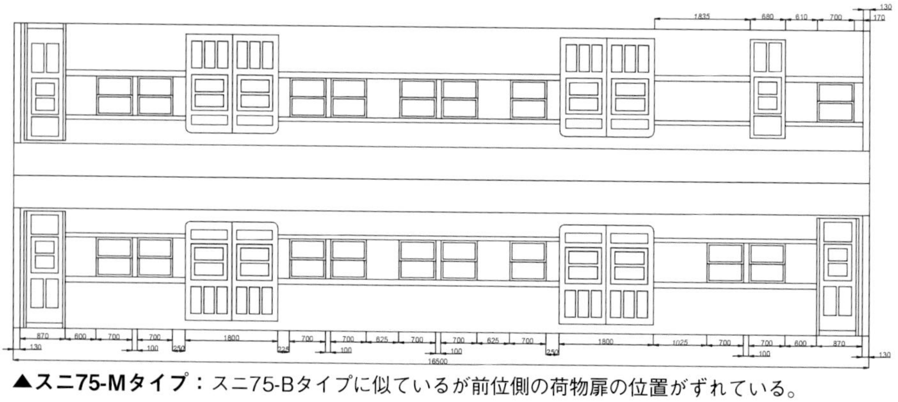

▲スニ75-Mタイプ：スニ75-Bタイプに似ているが前位側の荷物扉の位置がずれている。

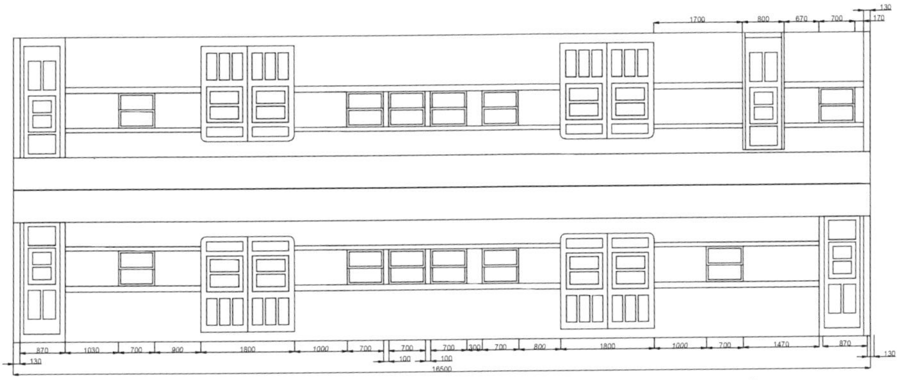

▲スニ75-Nタイプ： オハ31形の車体流用のオハ70形からの改造（オハ70-Mタイプ）。

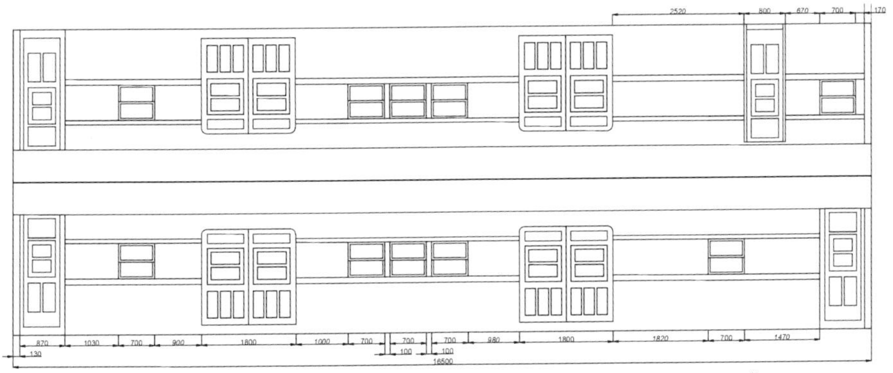

▲スニ75-Oタイプ： オハ31形の車体流用のオハ70形からの改造（オハ70-Nタイプ）。

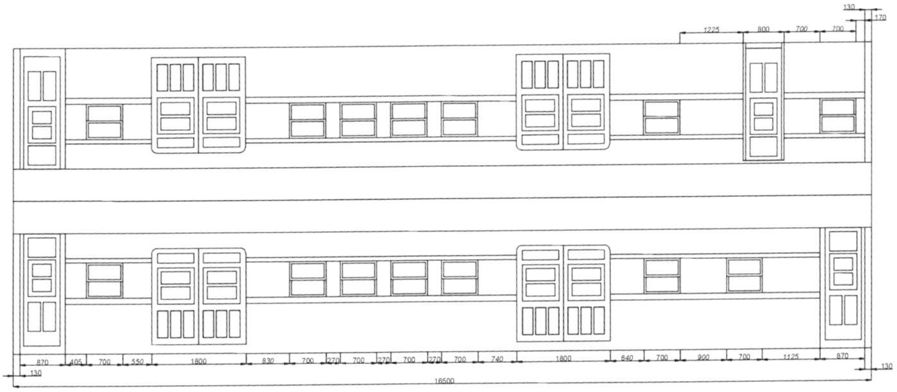

▲スニ75-Pタイプ： オロ31形の車体流用のオハ70形からの改造（オハ70-Oタイプ）。

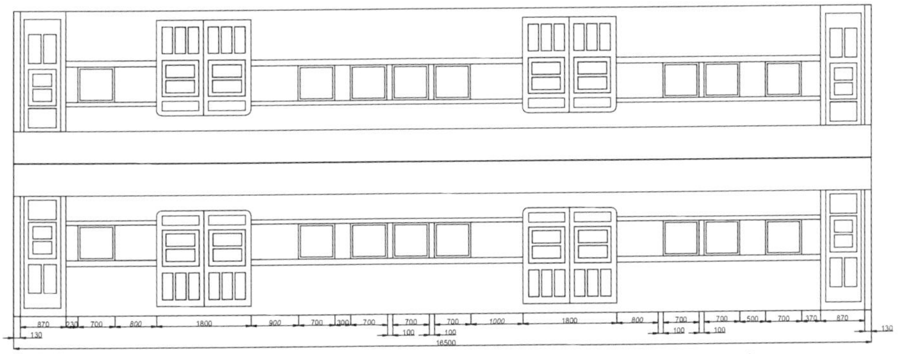

▲スニ75-Qタイプ： オハ31形の車体流用のオハ70形からの改造（オハ70-Lタイプ）。

マニ76 20（マニ76-Aタイプ）。1-3位側を示す。　1957.5.22　鳥栖　P：久保　敏

4. 13　マニ76形

マニ76形はオハ71形改造の20m級の荷物車である。1952年から翌年にかけて1～37、41、91～93の41両が登場している。車端に出入台がある点がマニ74形と異なっている。電車タイプ車体はマニ74形に集約されたため、客車タイプ車体のみである。計5タイプが確認されている。マニ76 91は1955年に事故廃車となっており、形態未確認である。

マニ76-A・Bタイプはオハ71形標準車体車からの改造で、便所の位置違いがそのまま残っている。マニ76-Cタイプは、荷物扉が前位側にずれた変形車で、多度津工場改造車の特徴となっている。マニ76-D・Eタイプは復旧前の窓配置が残っている異端車である。

■マニ76形 形式図　標準車体のうち便所が３位のタイプが図面化されている。ここではマニ76-Bタイプとして区分した。

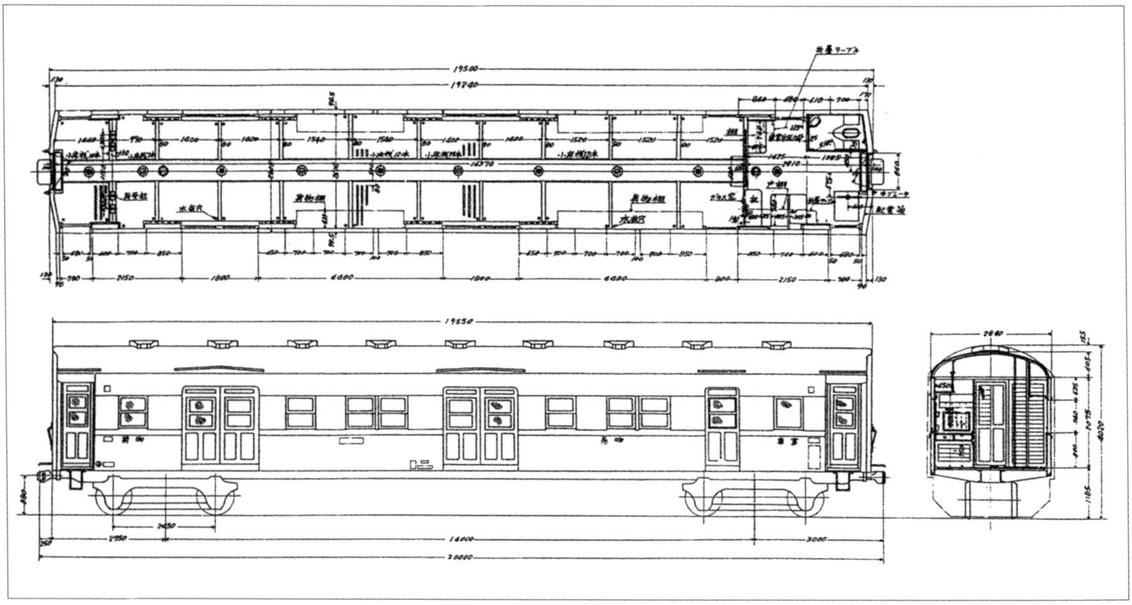

マニ76 23(マニ76-Aタイプ)。2-4位側を示す。　1957.2.23　品川　P:沢柳健一

■マニ76形 形態分類表

落成							その後の改造			その後の改造・廃車			
形式番号	妻面・屋根形状	台車	分類	落成年月日	場区	落成配置	形式番号	年月日	場区	最終配置	形式番号	年月日	摘要
マニ 76 1	直線折妻・キャンバス	TR23系	マニ76-Bタイプ	1953. 3. 7	西鹿児島	(岡)	マニ 76 2001			名古屋		1967. 9. 14	
マニ 76 2	直線折妻・キャンバス	TR23系	マニ76-Bタイプ	1953. 3. 14	西鹿児島	(広)				京都	スエ 71 61	1962. 3. 29	
マニ 76 3	直線折妻・キャンバス	TR23系	マニ76-Bタイプ	1953. 3. 20	西鹿児島	(広)				京都		1965. 2. 13	
マニ 76 4	直線折妻・キャンバス	TR23系	マニ76-Bタイプ	1953. 3. 19	西鹿児島	(広)				下関	スエ 71 46	1964. 1. 31	
マニ 76 5	直線折妻・キャンバス	TR23系	マニ76-Bタイプ	1952. 12. 14	西鹿児島	竜華				竜華	スエ 71 92	1966. 3. 31	
マニ 76 6	直線折妻・キャンバス	TR23系	マニ76-Cタイプ	1953. 1. 20	多度津	竜華				竜華		1968. 3. 28	
マニ 76 7	直線折妻・キャンバス	TR23系	マニ76-Cタイプ	1953. 3. 10	多度津	竜華				竜華	スエ 71 31	1963. 3. 30	
マニ 76 8	直線折妻・キャンバス	TR23系	マニ76-Aタイプ	1953. 3. 22	後藤	(新)				直江津	スエ 71 58	1964. 2. 29	
マニ 76 9	直線折妻・キャンバス	未確認		1953. 3. 28	多度津	(名)				米原		1954. 7. 2	事故
マニ 76 10	直線折妻・キャンバス	TR23系	マニ76-Cタイプ	1952. 10. 28	多度津	(静)				糸魚川	スエ 71 68	1964. 11. 14	
マニ 76 11	直線折妻・キャンバス	TR23系	マニ76-Cタイプ	1953. 3. 19	多度津	(名)				平	スエ 71 87	1965. 7. 3	
マニ 76 12	直線折妻・キャンバス	TR23系	マニ76-Cタイプ	1953. 2. 12	多度津	(名)				名古屋		1967. 3. 30	
マニ 76 13	直線折妻・キャンバス	TR23系	マニ76-Cタイプ	1953. 3. 31	多度津	(大)				名古屋		1967. 6. 8	
マニ 76 14	直線折妻・キャンバス	TR23系	マニ76-Aタイプ	1953. 3. 17	後藤	(東)				(仙)	スエ 71 80	1965. 1. 30	
マニ 76 15	直線折妻・キャンバス	TR23系	マニ76-Aタイプ	1953. 3. 31	後藤	(東)				(秋)	スエ 71 81	1965. 3. 6	
マニ 76 16	直線折妻・キャンバス	TR23系	マニ76-Aタイプ	1953. 2. 27	後藤	(東)	マニ 76 2016	1959. 8.	大宮	尾久		1966. 6. 11	
マニ 76 17	絞り折妻・キャンバス	TR23系	マニ76-Bタイプ	1953. 2. 17	西鹿児島	(大)				京都		1965. 3. 31	
マニ 76 18	直線折妻・キャンバス	TR23系	マニ76-Bタイプ	1953. 3. 25	西鹿児島	(大)				宮原		1963. 10. 3	
マニ 76 19	直線折妻・キャンバス	TR23系	マニ76-Bタイプ	1953. 3. 26	後藤	(大)				宮原		1966. 3. 31	
マニ 76 20	直線折妻・キャンバス	TR23系	マニ76-Aタイプ	1953. 2. 14	後藤	(大)				京都	スエ 71 40	1963. 7. 31	
マニ 76 21	直線折妻・キャンバス	TR23系	マニ76-Aタイプ	1953. 3. 31	後藤	(大)				竜華		1967. 8. 31	
マニ 76 22	直線折妻・キャンバス	TR23系	マニ76-Aタイプ	1953. 2. 28	後藤	(大)				竜華		1967. 10. 26	
マニ 76 23	直線折妻・キャンバス	TR23系	マニ76-Aタイプ	1953. 2. 21	後藤	(大)				竜華	スエ 71 3	1961. 3. 20	
マニ 76 24	直線折妻・キャンバス	TR23系	マニ76-Cタイプ	1952. 12. 12	多度津	(門)				(門)	スエ 71 89	1965. 10. 6	
マニ 76 25	丸屋根・キャンバス	TR23系	マニ76-Bタイプ	1953. 2. 27	西鹿児島	(名)				名古屋		1967. 6. 8	
マニ 76 26	丸屋根・キャンバス	TR23系	マニ76-Bタイプ	1953. 3. 18	西鹿児島	(名)				名古屋		1967. 6. 8	
マニ 76 27	丸屋根・キャンバス	TR23系	マニ76-Bタイプ	1953. 3. 28	西鹿児島	(名)				名古屋		1967. 9. 14	
マニ 76 28	直線折妻・キャンバス	TR23系	マニ76-Bタイプ	1952. 12. 9	西鹿児島	(静)				浜松	スエ 71 7	1962. 3. 16	
マニ 76 29	直線折妻・キャンバス	TR23系	マニ76-Bタイプ	1952. 11. 10	西鹿児島	(天)	マニ 76 2029			浜松		1966. 7. 1	
マニ 76 30	直線折妻・キャンバス	IR23系	マニ76 Bタイプ	1952. 10. 21	西鹿児島	(金)	マニ 76 2030			富山	スエ 71 94	1965.	
マニ 76 31	直線折妻・キャンバス	TR23系	マニ76-Bタイプ	1952. 12. 27	西鹿児島	(静)	マニ 76 2031			浜松		1967. 3. 31	AC有
マニ 76 32	直線折妻・キャンバス	TR23系	マニ76-Bタイプ	1953. 1. 31	西鹿児島	(静)	マニ 76 2032			浜松		1967. 3. 30	
マニ 76 33	直線折妻・キャンバス・1段窓	TR23系	マニ76-Dタイプ	1953. 1. 16	西鹿児島	(門)				(門)	スエ 71 90	1965. 12. 4	
マニ 76 34	直線折妻・キャンバス	TR23系	マニ76-Bタイプ	1952. 12. 13	西鹿児島	(天)				竜華	スエ 71 20	1962. 12. 26	
マニ 76 35	直線折妻・キャンバス	TR23系	マニ76-Bタイプ	1953. 2. 20	西鹿児島	(天)				竜華	スエ 71 93	1965. 9. 30	
マニ 76 36	直線折妻・キャンバス	TR23系	マニ76-Bタイプ	1953. 1. 21	西鹿児島	(熊)				門司		1966. 7. 25	
マニ 76 37	直線折妻・キャンバス・1段窓	TR23系	マニ76-Eタイプ	1953. 2. 7	西鹿児島	(金)	マニ 76 2037			金沢		1966. 3. 31	
マニ 76 41	直線折妻・キャンバス	TR23系	マニ76-Bタイプ	1953. 2.	後藤	(熊)				門司		1965. 12. 16	
マニ 76 91			未確認	1952. 11. 14	西鹿児島	尾久				尾久		1955. 10. 24	事故
マニ 76 92	直線切妻・キャンバス	TR23系	マニ76-Bタイプ	1953. 2. 23	西鹿児島	(鹿)				(門)		1964. 6. 1	
マニ 76 93	直線切妻・キャンバス	TR23系	マニ76-Bタイプ	1953. 2. 21	西鹿児島	(東)	マニ 76 2093	1959. 9.	大宮	尾久		1965. 11. 4	

マニ76 21（マニ76-Aタイプ）。1-3位側を示す。　1959.5.2　品川　P：久保　敏

マニ76 2（マニ76-Bタイプ）。1-3位側を示す。　1957.2.26　門司　P：久保　敏

マニ76 17（マニ76-Bタイプ）。2-4位側を示す。絞り折妻である。　1957.3.18　門司　P：久保　敏

マニ76 26(マニ76-Bタイプ)。2-4位側を示す。丸屋根である。　1959.5.2　品川　P：久保　敏

マニ76 27(マニ76-Bタイプ)。2-4位側を示す。こちらも丸屋根である。　1957.4.15　門司　P：久保　敏

マニ76 13(マニ76-Cタイプ)。2-4位側を示す。　P：鈴木靖人

マニ76 13(マニ76-Cタイプ)。
1-3位側を示す。
P：富樫俊介

マニ76 33(マニ76-Dタイプ)。
1-3位側を示す。スハ32形の窓配置が残る。
1964.10.3　宮崎　P：菅野浩和

マニ76 33(マニ76-Dタイプ)。2-4位側を示す。
1955.1.3　東京　P：江本廣一

元マニ76 33(マニ76-Dタイプ)のスエ71 90(複数写真を合成)。2-4位側側面を示す。　1982.7.31　門司客貨車区　P：野村一夫

マニ76 37(マニ76-Eタイプ)。2-4位側を示す。スロハ31形の窓配置が残る。　P：鈴木靖人

マニ76 2037(マニ76-Eタイプ)。1-3位側を示す。　P：富樫俊介

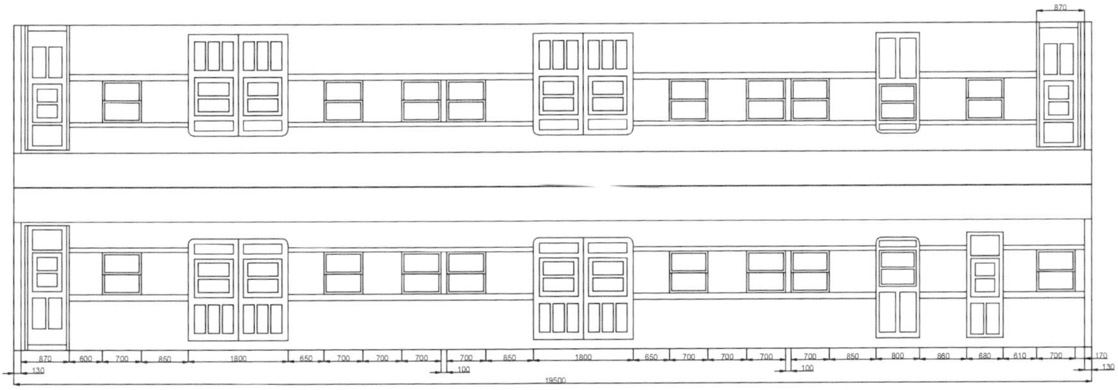

▲マニ76-Aタイプ：便所４位側にあるオハ71形標準車からの改造(オハ71-Aタイプ)。

▲マニ76-Bタイプ：便所3位側にあるオハ71形標準車からの改造(オハ71-Bタイプ)。

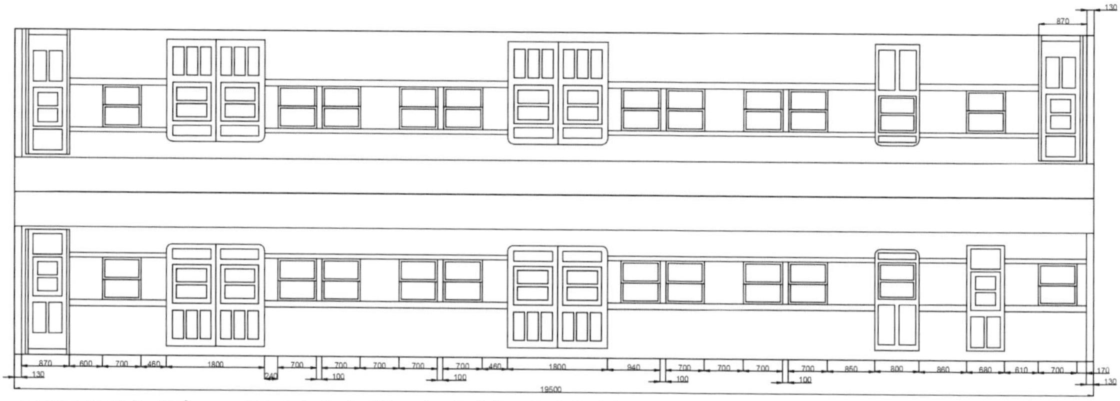

▲マニ76-Cタイプ：マニ76-Aタイプに近いが、多度津工場改造特有の窓配置変則車。

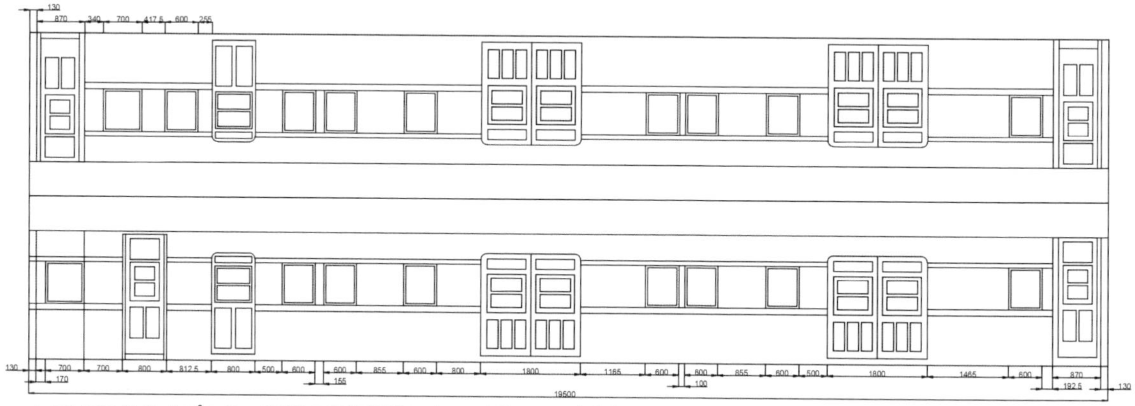

▲マニ76-Dタイプ：スハ32形の車体流用のオハ71形からの改造(オハ71-Iタイプ)。

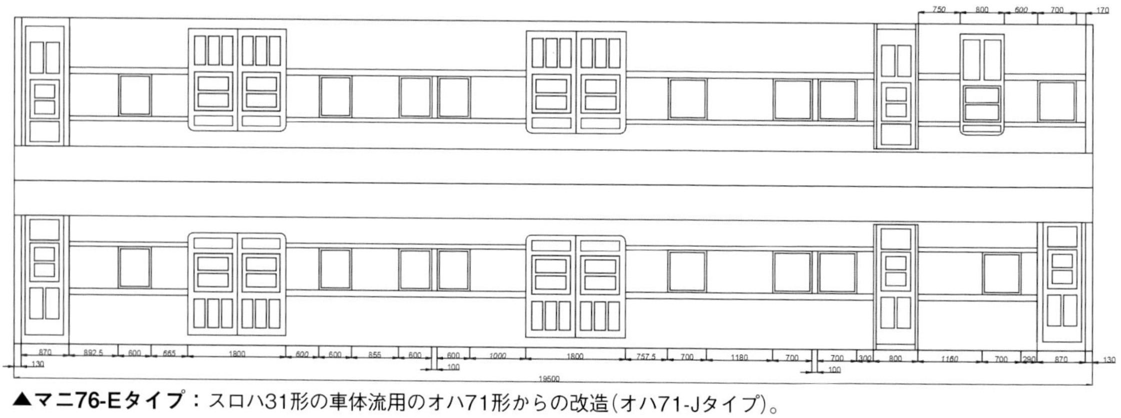

▲マニ76-Eタイプ：スロハ31形の車体流用のオハ71形からの改造(オハ71-Jタイプ)。

マニ77 1(マニ77-Aタイプ)。2-4位側を示す。　1947.7.2　宮原検車区　P：浦原利穂

4. 14　マニ77→マニ78形

マニ77形は最初から荷物車として復旧された3軸ボギー20m級車である。1～6の6両が落成している。このうちマニ77 5はスニ71 18に改番されており、誤付番であったと推定されている。上巻の概略フロー図ではスニ71形にまとめている。残り5両のスタイルは1タイプしかなく、スニ71形と同一の窓割である。1953年にマニ78形に形式変更された際に、元の5が詰められている。

■マニ77形 形式図

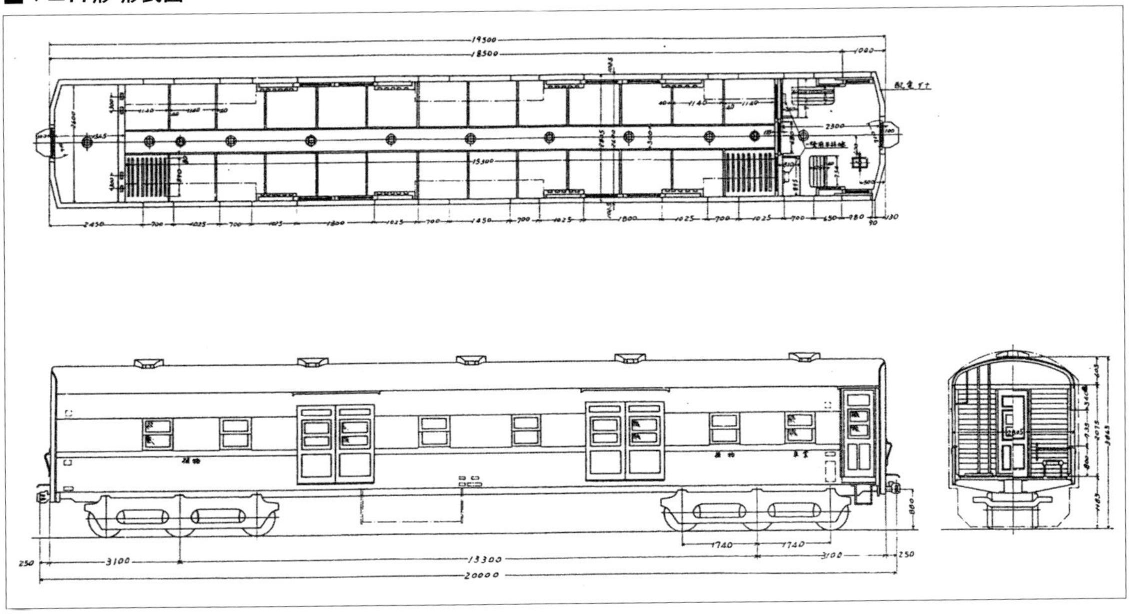

■マニ77→マニ78形 形態分類表

落成							その後の改造			その後の改造・廃車		
形式番号	妻面・屋根形状	台車	分類	落成年月日	場区	落成配置	形式番号	年月日	場区	最終配置	形式番号	年月日
マニ 77 1	直線平妻・キャンバス	TR71系	マニ77-Aタイプ	1947. 6. 14	汽車製造東京支店	宮原	マニ 78 1			(大)	スエ 78 1	1961. 7. 6
マニ 77 2	直線平妻・キャンバス	TR71系	マニ77-Aタイプ	1947. 6. 14	汽車製造東京支店	宮原	マニ 78 2			(大)		1958. 11. 10
マニ 77 3	直線平妻・キャンバス	TR73系	マニ77-Aタイプ	1947. 7. 6	汽車製造東京支店	尾久	マニ 78 3			青森	スエ 78 2	1963. 3. 30
マニ 77 4	直線平妻・キャンバス	TR73系	マニ77-Aタイプ	1947. 7. 6	汽車製造東京支店	青森	マニ 78 4			青森	スエ 78 3	1963. 3. 30
マニ 77 5			未確認	1947. 12. 15	近畿車両	(門)					マニ 71 18	
マニ 77 6	直線平妻・キャンバス	TR73系	マニ77-Aタイプ	1947. 12. 29	川崎車両	(札)	マニ 78 5			(札)	スエ 78 10	1965. 3. 30

マニ77 6(マニ77-Aタイプ)。1-3位側を示す。 1949.2.9　宮原検車区　P：浦原利穂

マニ78 5(マニ77-Aタイプ)。1-3位側を示す。 1957.2.23　門司　P：久保　敏

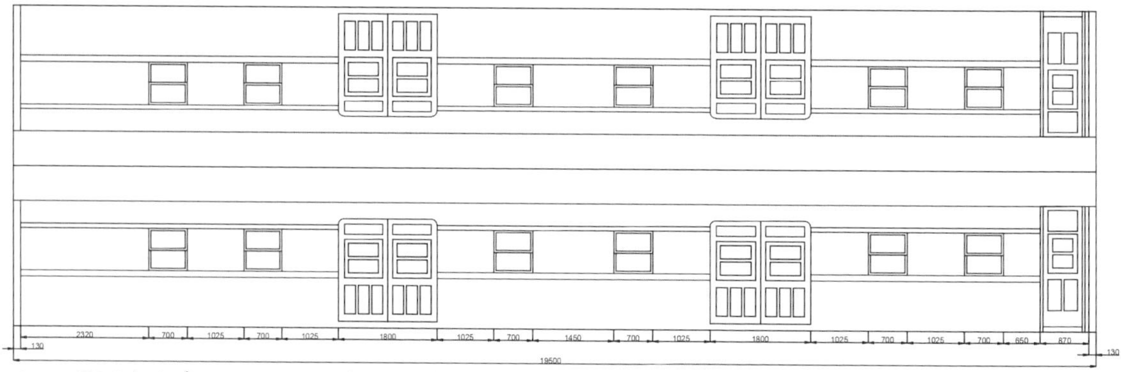

▲**マニ77-Aタイプ：**スニ71-Aタイプと同一車体。

スヤ71 1。2-4位側を示す。軌道測定用の車輪があることがわかる。大井工機部は1950年の組織改編により大井工場に名称が変わるが、この時点では車体標記は古いままであった。
1951年　大井工場
P：長谷川 明

5. 形式別解説（事業用車）

5.1 スヤ71形

スヤ71は車両用の試験車である。特定の機器を積んでいるわけではなく、試験内容ごとに必要な機器が搭載された。クハ55形の車体が流用されているが、運転台部分の半流台枠は直線状に直されている。

出場時は当初スヤ31 1と標記されていた。
P所蔵：宮崎繁幹

■スヤ71形 形態分類表

落成							その後の改造・廃車		
形式番号	妻面・屋根形状	台車	分類	落成年月日	場区	落成配置	最終配置	形式番号	年月日
スヤ71 1	直線平妻・張り上げ・ノーシルノーヘッダー	TR23系	スヤ71-Aタイプ	1949. 2.28	川崎車両		品川		1971. 2.15

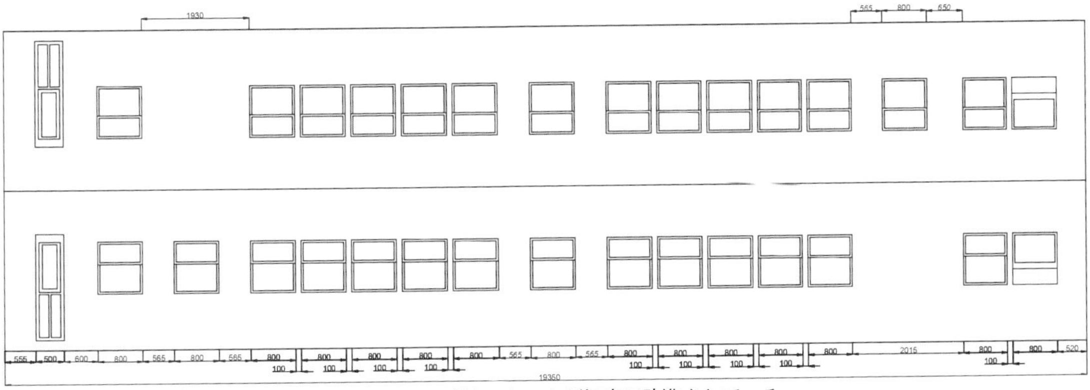

▲スヤ71-Aタイプ：電車からの復旧で、元々は半流であったが切妻に改造されている。

スヤ71 1。2-4位側を示す。

1966.7.21　国分寺　P：久保　敏

スヤ71 1。2-4位側を示す。前位側の妻面には窓があった。

1966.7.21　国分寺　P：久保　敏

スヤ71 1。1-3位側を示す。こちら側の窓は少なくなっている。

1966.8.4　品川　P：久保　敏

6．事業用車への改造

6.1　職用車

オヤ70 1はスニ73 9(スニ73-A)タイプが種車となっている。窓配置は荷物車時代から変わっていない。

オヤ70形は１形式１両、「職用車」として「国鉄車両緒元一覧表」に掲載されている。しかし用途不明であり、美濃太田駅と車両基地を結ぶ通勤車ではないかと考えられている。一方、須田寛氏によれば工事車とのことであるが、残念ながら記載された記録が見つかっていない。写真からも判断できず、今後の検討課題としたい。

オヤ70 1。左は2-4位側、右は1-3位側を示す。　左：1963.6.23　美濃太田区　P：豊永泰太郎／右：美濃太田　P：中島忠夫

6.2　配給車

オル71形101～104の４両があった。101～103は元マニ74形(マニ74-AタイプまたはBタイプ)、104は元オハユニ71形(オハユニ71-Eタイプ)である。

101～103は写真のとおり荷物車時代は外観の変化はない。104は写真が見つかっていないがスエ71 13に改造後の写真を見る限り、同様と思われる。

オル71 101。2-4位側を示す。
1965.9.15　青森客貨車区　P：渡辺和義

オル71 102。1-3位側を示す。
1961.9.3　仙台客車区　P：豊永泰太郎

オル71 103。1-3位側を示す。　P：中島忠夫

オエ70 39。スニ75 24(スニ75-Bタイプ)からの改造。1-3位側を示す。
1966.3.10 砂川
P：佐藤進一

6.3 救援車

オエ70形、スエ71形、スエ78形の3形式があるが、和田 洋『国鉄救援車図鑑(下) —鋼製客車の個性派車輌— (RM LIBRARY No.229)』でも様々な事例が紹介されているため、なるべく重複しない範囲でトピックとしてピックアップする。

(1)窓の少ない救援車

北海道ではストーブ室を設けて暖を取るため、扉や窓や扉が撤去されるケースが多い。オエ70 39は乗務員扉と荷物扉の片側が撤去された事例である。逆にオエ70 34は窓が少ない事例で、荷物扉が残るためアンバランスな印象がある。この改造が段階的に確認できるのがスエ71 26である。少なくとも3段階あることがわかる。

オエ70 34。スニ75 55(スニ75-Bタイプ)からの改造。2-4位側を示す。
1967.3.31 苫小牧 P：沢柳健一

オエ70 34。1-3位側を示す。
1965.5.19 苫小牧
P：菅野浩和

スエ71 26。元オハユニ71 14（オハユニ71-Cタイプ）からの落成直後の姿。1-3位側を示す。スハフ32形の窓配置が残る。
1963.7.16　長万部　P：吉野　仁

スエ71 26。窓一部の撤去と一段窓化が行われている。1-3位側を示す。　1965.5.2　長万部　P：千代村資夫

スエ71 26。さらに窓の完全一段窓化と、ヘッダーの撤去が行われている。1-3位側を示す。　1969.8.19　長万部　P：堀井純一

オエ70 43。スニ73 6(スニ73-Bタイプ)からの改造車。2-4位側を示す。　1973.7.1　中津川　P：千代村資夫

(2)電車車体が残る例

オエ70形は4両があるが、形態的には単調である。一方スエ71形では6両あり、逆に個性派揃いである。

ここでは、写真が見つからないオエ70 46を除く9両の写真を紹介する。

オエ70 5。スニ73 25(スニ73-Bタイプ)からの改造車。1-3位側を示す。　1965.4.12　高砂工場　P：菅野浩和

オエ70 11。スニ73 5(スニ73-Bタイプ)からの改造車。1-3位側を示す。　1975.9.28　稲沢第二機関区　P：藤井　曄

スエ71 1。マニ71 4(スニ71-Cタイプ) からの改造車。2-4位側を示す。荷物扉は改造前と変化がない。
1961.9.25　新潟
P：千代村資夫

スエ71 22。マニ71 1(スニ71-Bタイプ) からの改造車。1-3位側を示す。中央の荷物扉が塞がれて、後位側の荷物扉が拡幅されている。
1966.3.28　坂町
P：星　晃

スエ71 23。マニ71 3(スニ71-Bタイプ) からの改造車。2-4位側を示す。改造内容はスエ71 22に良く似ている。
1969.8.31　酒田
P：掘井純一

スエ71 96。スユニ72 53(スユニ72-Iタイプ)からの改造車。2-4位側を示す。
P：富樫俊介

スエ71 96。1-3位側を示す。
1975.9.9　滝川　P：和田　洋

スエ71 19。スユニ72 51(スユニ72-Gタイプ)からの改造車。いずれも2-4位側で前位側の半流はそのままである。後位側も丸屋根のため不思議な印象がある。
1963.9.8　浜田　P：菅野浩和

スエ71 59。マニ74 10(マニ74-Eタイプ)からの改造車。1-3位側を示す。
1979.3　小倉工場　P：小野田 滋

オエ70 18。スニ75 11(スニ75-Kタイプ)からの改造車。1-3位側を示す。オハ31形の窓配置が残る。
1967.4.23　門司客貨車区　P：渡辺和義

(3)客車車体が残る例

オエ70形は５両がある。うちオエ70 33は上巻カラーグラフ(７頁)にて紹介済で、他の４両をこの頁で紹介する。

スエ71形は17両があるが、形式別の解説やカラーページでも掲載していることもあり、ここでは３両を紹介する。高知のスエ71 82はスハネ31形の窓配置が残っていたはずであるが、残念ながら写真未発見である。

オエ70 30。オニ70 2(オニ70-Cタイプ)からの改造車。2-4位側を示す。オロハ30形の窓配置が残る。
1964.7.21　直江津　P：菅野浩和

オエ70 41。スニ75 18(スニ75-Lタイプ)からの改造車。2-4位側を示す。オハ31形の窓配置が残る。
1964.5.15　浜松　P：菅野浩和

オエ70 45。スニ75 10(スニ75-Jタイプ)からの改造車。1-3位側を示す。オロハ30形の窓配置が残る。
1964.2.12　長崎
P：佐竹保雄

スエ71 24。オハユニ71 17(オハユニ71-Fタイプ）からの改造車。1-3位側を示す。スハニ31形の窓配置が残る。
1975.1.12　下関運転所
P：伊藤　昭

スエ71 90。マニ76 33(マニ76-Dタイプ）からの改造車。2-4位側を示す。スハ32形の窓配置が残る。
1982.7.31　門司客貨車区
P：野村一夫

スエ71 98。スユニ72 14(スユニ72-Dタイプ）からの改造車。1-3位側を示す。スロハ31形の窓配置が残る。
1967.8.2　米沢客貨車区
P：渡辺和義

(4)改造時期に疑問が残る例

救援車に改造が終わっているはずなのが、写真記録では未完成となっている事例がある。3ケースを紹介するが、これらはたまたま判明しただけで、実態としてはもっと多いことが推測される。

スユ72 7(スエ71 53)。1964.2.29付けで名古屋工場にて救援車化改造されているはずであるが、この写真では郵便室と救援車の両方の標記があるほか、番号も旧番号のままである。
1964.5.14　浜松工場　P：菅野浩和

スエ71 53。後に救援車標記のみに落ち着いた。　1966.6.8　浜松工場　P：久保　敏

スユ72 10。こちらも1964.2.29付けで名古屋工場にて救援車スエ71 52に改造済みのはずであるが、番号は元のままである。水タンクがないことから、改造途中と考えられる。
1964.4.27　名古屋工場　P：菅野浩和

マユニ78 21。1966.3.31付けで土崎工場にて救援車スエ78 15に改造済みのはずだが番号は元のままである。標記「救援車」らしきサボが付いている。　1966.4.3　横手客貨車区　P：中村夙雄

(5)振替車

70系の振替車は救援車関連で5ケースが確認されている。これは巻末の事業用車車歴表および番号変遷表に記載している。ここでは不明であった1ケースについて整理した。

オエ70 27。スニ75 26(スニ75-Aタイプ)が公式の種車であるが、現車はスニ75-Bタイプである。アンチクライマーがついていることを条件とすると、1964.1.31付けで金沢局で廃車となったスニ75 48が充てられたと推定される。オエ70 27は1963.2.7付けで松任工場で改造されているため、最初の1年だけが初代であり、写真は二代目と考えられる。車歴表と番号変遷表でもこのように整理した。
富山　P：葛　英一

■事業用車車歴表

■オヤ70

形式番号	落成年月日	場区	落成配置	最終配置	廃車年月日	摘要
オヤ70 1	1962. 3. 30	名古屋	美濃太田	美濃太田	1968. 6. 13	

■オル71

形式番号	落成年月日	場区	落成配置	最終配置	廃車年月日	摘要
オル71 101	1961.3.	盛岡	青森	(盛)	1971. 6. 21	
オル71 102	1961.2.	盛岡	長町	長町	1969.10. 1	
オル71 103	1961.3.	土崎	新津	(新)	1967. 7. 25	
オル71 104	1961.3. 31	土崎	秋田	(秋)	1962. 3. 31*	

*スエ71 13に改造

■オエ70

形式番号	落成年月日	場区	落成配置	最終配置	廃車年月日	摘要
オエ70 1	1961. 3.	長野	長野	松本	1987. 2. 5	
オエ70 2	1961. 3.	名古屋	高山	高山	1970. 3. 31	
オエ70 3	1961. 3.	名古屋	米原	米原	1971.11.24	
オエ70 4	1961. 3.	名古屋	美濃太田	美濃太田	1981. 8. 3	
オエ70 5	1961. 3. 6	高砂	姫路	姫路	1973. 8. 20	
オエ70 6	1961. 6.24	土崎	酒田	長岡	1967. 7. 17	
オエ70 7	1961.12.14	小倉	長崎	長崎	1967.12. 20	
オエ70 8	1962. 3.30	長野	松本	篠ノ井	1974. 7. 5	
オエ70 9	1961.12.20	長野	長野	長野	1987. 2. 5	
オエ70 10	1962. 3.16	名古屋	静岡	静岡	1987. 2. 6	
オエ70 11	1962. 3.30	名古屋	名古屋	名古屋	1983. 2. 4	
オエ70 12	1962. 3.31	名古屋	金沢	金沢	1981. 7. 20	
オエ70 13	1962. 3.29	松任	福井	福井	1974.12. 13	
オエ70 14	1961.12.15	新津	新津	新津	1971. 2. 27	
オエ70 15	1962. 3.31	盛岡	盛岡	青森	1987. 2. 10	
オエ70 16	1962. 3.14	高砂	姫路	姫路	1987. 2. 7	
オエ70 17	1962. 3.31	高砂	竜華	竜華	1968. 6. 26	
オエ70 18	1962.10.13	小倉	門司	門司	1969. 1. 5	
オエ70 19	1962.11. 5	小倉	鳥栖	鳥栖	1969. 1. 5	
オエ70 20	1963. 2. 1	長野	塩尻	篠ノ井	1987. 3. 31	
オエ70 21	1962.11. 1	名古屋	沼津	沼津	1987. 2. 6	
オエ70 22	1962. 7.31	名古屋	沼津	沼津	1980. 8. 2	
オエ70 23	1962. 7.31	名古屋	中津川	中津川	1974. 3. 27	
オエ70 24	1963. 3.31	名古屋	高山	高岡	1970. 3. 31	
オエ70 25	1963. 1.10	松任	敦賀	敦賀	1966.11. 10	
オエ70 26	1963. 1.30	松任	福井	福井	1967. 9. 14	
オエ70 27	1963. 2. 7	松任	富山	富山	1973. 8. 31	*3
オエ70 28	1962. 8.11	高砂	鷹取	鷹取	1983. 1. 11	
オエ70 29	1962. 7.31	幡生	岡山	岡山	1986.12. 17	
オエ70 30	1962. 9.30	長野	直江津	直江津	1969. 3. 7	
オエ70 31	1963. 3.30	小倉	熊本	熊本	1969. 3. 31	
オエ70 32	1963. 3.31	小倉	大分	大分	1969. 7. 28	
オエ70 33	1963. 3.30	五稜郭	追分	追分	1970. 3. 31	
オエ70 34	1963. 3.30	五稜郭	苫小牧	苫小牧	1971. 3. 3	
オエ70 35	1963. 3.30	大宮	大宮	大宮	1969. 2. 13	
オエ70 36	1963. 2.20	幡生	岡山	岡山	1981. 5. 8	
オエ70 37	1963.11.29	大宮	水戸	水戸	1969.10. 2	
オエ70 38	1964. 2. 6	幡生	三次	広島	1987. 1. 8	
オエ70 39	1964. 2.15	旭川	滝川	滝川	1971. 3. 1	
オエ70 40	1964. 2.29	名古屋	沼津	沼津	1976. 3. 17	
オエ70 41	1964. 2.29	名古屋	浜松	浜松	1976. 3. 17	
オエ70 42	1964. 2.29	名古屋	浜松	浜松	1985. 3. 8	
オエ70 43	1964. 2.29	名古屋	中津川	中津川	1982. 6. 24	
オエ70 44	1964. 2. 1	松任	富山	富山	1966. 3. 31	
オエ70 45	1964. 1.22	小倉	長崎	長崎	1967. 3. 8	
オエ70 46	1964. 3.31	小倉	鳥栖	唐津	1970. 6. 3	
オエ70 47	1964. 3.31	鹿児島	鹿児島	鹿児島	1985. 2. 4	
オエ70 48	1964. 2.29	名古屋	和歌山	和歌山	1973. 3. 14	
オエ70 49	1964. 2.29	名古屋	紀伊田辺	紀伊田辺	1973. 3. 24	
オエ70 50	1964.12.18	幡生	広島	厚狭	1978. 8. 28	
オエ70 51	1965. 3.10	多度津	小松島	小松島	1968. 3. 31	
オエ70 52	1965. 3.27	多度津	高松	高松	1987. 2. 7	*2B
オエ70 53	1965. 3.20	多度津	松山	松山	1971. 3. 3	
オエ70 54	1965. 3.31	名古屋	名古屋	名古屋	1982. 6. 3	
オエ70 55	1965. 3.31	長野	長野	塩尻	1971. 7. 31	
オエ70 56	1965. 3.	長野	金沢	金沢	1974. 3. 27	
オエ70 57	1965. 3. 31	鹿児島	宮崎	都城	1978.12. 4	
オエ70 58	1965.12.27	小倉	門司	門司	1967. 6. 28	
オエ70 59	1966. 3. 31	鹿児島	人吉	人吉	1967. 6. 28	
オエ70 60	1965. 9. 23	新津	長岡	長岡	1967. 7. 31	
オエ70 61	1966. 3. 12	新津	新津	新津	1972. 1. 20	
オエ70 62	1966. 2. 7	多度津	高知	高松	1969. 3. 8	*2A
オエ70 63	1966.10. 7	幡生	厚狭	厚狭	1981. 9. 24	

■スエ71

形式番号	落成年月日	場区	落成配置	最終配置	廃車年月日	摘要
スエ71 1	1960.12.24	新津	新潟	新潟	1966.12.23	
スエ71 2	1961. 3. 14	高砂	宮原	宮原	1987. 3. 31	
スエ71 3	1961. 3. 20	高砂	竜華	竜華	1973. 3. 28	
スエ71 4	1962. 3. 7	高砂	竜華	亀山	1987. 2. 7	
スエ71 5	1961.12. 8	後藤	米子	米子	1987. 2. 6	
スエ71 6	1961.12. 5	小倉	直方	直方	1967.10.29	
スエ71 7	1962. 3. 16	名古屋	静岡	静岡	1987. 2. 6	
スエ71 8	1962. 3. 31	土崎	郡山	郡山	1984. 8. 30	
スエ71 9	1962. 3. 31	土崎	山形	山形	1983.11. 1	
スエ71 10	1962. 3. 31	土崎	秋田	秋田	1973.10. 2	
スエ71 11	1962. 3. 31	盛岡	釜石	釜石	1971. 6. 21	
スエ71 12	1962. 3. 31	土崎	福島	福島	1984. 8. 30	
スエ71 13	1962. 3. 31	土崎	秋田	秋田	1984. 9. 29	
スエ71 14	1962. 3. 31	高砂	鷹取	神戸港	1986. 2. 17	
スエ71 15	1962. 3. 31	高砂	吹田	梅田	1987. 2. 7	
スエ71 16	1962. 3. 29	名古屋	亀山	亀山	1987. 2. 7	
スエ71 17	1962. 1. 30	後藤	西舞鶴	福知山	1987. 2. 6	
スエ71 18	1962.10.31	後藤	敦賀	敦賀	1986.12.19	
スエ71 19	1962. 7. 10	後藤	浜田	浜田	1968. 8. 29	
スエ71 20	1962.12.26	名古屋	和歌山	和歌山	1987. 2. 7	
スエ71 21	1962. 8. 31	幡生	糸崎	岡山	1984. 9. 29	
スエ71 22	1963. 3. 3	新津	新津	新津	1970. 1. 23	
スエ71 23	1963. 3. 30	土崎	酒田	酒田	1972. 6. 28	
スエ71 24	1962.12.17	幡生	下関	下関	1979.11.30	
スエ71 25	1963. 1. 23	旭川	留萌	留萌	1966. 8. 10	
スエ71 26	1962.12.21	五稜郭	長万部	長万部	1979.10.25	
スエ71 27	1963. 3. 20	大船	高島	汐留	1972. 6. 28	
スエ71 28	1963. 3. 30	大宮	田端	隅田川	1987. 2. 10	
スエ71 29	1963. 2. 21	高砂	鷹取	向日町	1986. 3. 5	
スエ71 30	1963. 3. 30	高砂	竜華	新宮	1987. 2. 7	
スエ71 31	1963. 3. 30	名古屋	伊勢	亀山	1987. 2. 7	
スエ71 32	1963. 3. 30	盛岡	一ノ関	盛岡	1987. 2. 3	
スエ71 33	1963. 3. 30	土崎	山形	山形	1970.11.28	
スエ71 34	1963. 3. 30	土崎	大館	秋田	1965. 7. 21	
スエ71 35	1963. 3. 30	土崎	大館	秋田	1986. 3. 31	
スエ71 36	1963. 3. 30	盛岡	長町	仙台	1986. 3. 31	
スエ71 37	1963. 3. 30	盛岡	会津若松	郡山	1986. 3. 31	
スエ71 38	1963. 6. 28	大宮	高崎	高崎	1975.11.17	
スエ71 39	1963.10. 2	大宮	水戸	水戸	1972.12. 1	
スエ71 40	1963. 7. 31	高砂	吹田	梅田	1987. 2. 7	
スエ71 41	1963. 8. 10	後藤	福知山	福知山	1986. 3. 31	
スエ71 42	1963. 8. 31	盛岡	鳥取	鳥取	1973. 1. 29	
スエ71 43	1963. 9. 21	後藤	出雲	出雲	1972. 9. 25	
スエ71 44	1963.11. 9	後藤	新見	新見	1984. 8. 3	
スエ71 45	1963.10.28	新津	新津	新津	1966.12.23	
スエ71 46	1964. 1. 31	幡生	下関	下関	1981.10.20	
スエ71 47	1964. 1. 21	後藤	出雲	出雲	1985. 5. 10	
スエ71 48	1963.10.30	後藤	浜田	浜田	1973. 1. 29	
スエ71 49	1963.11.27	後藤	福知山	福知山	1973. 2. 24	
スエ71 50	1964. 3. 31	後藤	福知山	豊岡	1976.12.24	
スエ71 51	1964. 2. 19	幡生	岡山	岡山	1984. 5. 14	
スエ71 52	1964. 2. 29	名古屋	静岡	静岡	1976.11.10	
スエ71 53	1964. 2. 29	名古屋	浜松	浜松	1973. 2. 3	
スエ71 54	1964. 2. 29	名古屋	天竜二俣	静岡	1987. 2. 6	
スエ71 55	1964. 2. 29	名古屋	塩尻	長野	1970. 3. 31	
スエ71 56	1964. 3. 31	五稜郭	東室蘭	東室蘭	1969. 5. 6	
スエ71 57	1964. 2. 23	新津	酒田	酒田	1978.12.20	
スエ71 58	1964. 2. 29	新津	長岡	新津	1970. 2.28	
スエ71 59	1964. 2. 13	小倉	香椎	香椎	1979. 3.10	
スエ71 60	1964. 3. 31	高砂	竜華	竜華	1987. 2. 7	
スエ71 61	1964. 3. 31	幡生	津山	津山	1973. 7. 5	
スエ71 62	1964.11.30	新津	長岡	長岡	1987. 2. 5	
スエ71 63	1964.11.30	新津	新津	新潟	1977. 3. 1	
スエ71 64	1964.11.30	名古屋	名古屋	名古屋	1970. 1.22	
スエ71 65	1964.11.21	松任	糸魚川	富山	1987. 1.14	
スエ71 66	1964.11.30	松任	金沢	金沢	1971. 2. 9	
スエ71 67	1964.11. 2	松任	金沢	金沢	1977. 2.24	*1A
スエ71 68	1964.11.14	松任	高岡	富山	1987. 1.14	*1B
スエ71 69	1964.12.26	後藤	米子	米子	1967. 2.23	
スエ71 70	1965. 1. 30	旭川	稚内	稚内	1976.11.15	
スエ71 71	1965. 2. 27	盛岡	長町	仙台	1987. 1.26	
スエ71 72	1965. 2. 25	土崎	新庄	新庄	1987. 2.10	
スエ71 73	1965. 3. 20	盛岡	仙台	八戸	1975. 2.27	
スエ71 74	1965. 1. 30	土崎	弘前	弘前	1975. 6.27	
スエ71 75	1965. 3. 31	土崎	弘前	弘前	1980.10.27	
スエ71 76	1965. 2. 1	盛岡	尻内	尻内	1971. 2.27	
スエ71 77	1965. 2. 19	盛岡	青森	青森	1977. 5. 6	
スエ71 78	1965. 3. 12	盛岡	青森	青森	1981. 5. 8	
スエ71 79	1965. 2. 1	盛岡	長町	長町	1975. 6.27	
スエ71 80	1965. 1. 30	土崎	福島	福島	1986. 3.31	
スエ71 81	1965. 3. 6	土崎	横手	横手	1968. 8.31	
スエ71 82	1965. 3. 30	多度津	高知	高知	1971. 2. 2	
スエ71 83	1965. 3. 31	小倉	鳥栖	鳥栖	1974. 3.27	
スエ71 84	1965. 3. 31	大宮	高崎	高崎	1984. 7.23	
スエ71 85	1965. 3. 31	大宮	尾久	尾久	1987. 2.10	
スエ71 86	1965. 8. 17	大宮	平	平	1968.10.24	
スエ71 87	1965. 7. 3	大宮	平	平	1968. 8.15	
スエ71 88	1965. 9. 25	小倉	早岐	早岐	1971.12.24	
スエ71 89	1965.10. 6	小倉	直方	直方	1981. 1. 8	
スエ71 90	1965.12. 4	小倉	行橋	門司	1984.10.24	
スエ71 91	1965. 9. 7	土崎	小牛田	仙台	1986.12.17	
スエ71 92	1966. 3. 31	幡生	津山	糸崎	1984. 5.14	
スエ71 93	1965. 9. 30	幡生	岡山	岡山	1986.12.17	
スエ71 94	1966. 3. 31	松任	富山	富山	1978. 5.18	
スエ71 95	1966. 9. 30	大宮	甲府	甲府	1979.12. 7	
スエ71 96	1966. 8. 25	旭川	富良野	滝川	1981. 9.24	
スエ71 97	1967. 1. 18	盛岡	郡山	郡山	1981. 9.24	
スエ71 98	1967. 1. 31	土崎	米沢	山形	1981.12.19	事故
スエ71 99	1966. 9. 29	大宮	高崎	高崎	1978. 8.11	
スエ71 100	1967. 3. 31	大宮	高崎	高崎	1984. 7.23	
スエ71 101	1967. 3. 31	大宮	小山	武蔵野	1981. 8. 3	
スエ71 102	1967. 3. 31	大宮	汐留	汐留	1986. 3. 5	
スエ71 103	1967. 3. 31	大宮	品川	品川	1987. 2.10	

■スエ78

形式番号	落成年月日	場区	落成配置	最終配置	廃車年月日	摘要
スエ78 1	1961. 7. 6	後藤	鳥取	鳥取	1967. 8.31	
スエ78 2	1963. 3. 30	盛岡	青森	青森	1975.12. 9	
スエ78 3	1963. 3. 30	盛岡	尻内	尻内	1969.10. 2	
スエ78 4	1965. 1. 21	旭川	帯広	釧路	1987. 2.10	
スエ78 5	1965. 3. 31	旭川	稚内	旭川	1986. 3. 5	保存
スエ78 6	1965. 3. 9	旭川	北見	北見	1974. 9. 6	
スエ78 7	1965. 1. 30	旭川	池田	池田	1984. 5.29	
スエ78 8	1965. 1. 23	五稜郭	五稜郭	五稜郭	1986. 6. 4	
スエ78 9	1965. 2. 10	旭川	釧路	釧路	1977. 2.24	
スエ78 10	1965. 3. 30	盛岡	盛岡	盛岡	1968.10.31	
スエ78 11	1966. 3. 31	土崎	米沢	米沢	1983.11. 1	
スエ78 12	1966. 3. 31	土崎	新庄	新庄	1985. 8.22	
スエ78 13	1965. 3.	盛岡	盛岡	盛岡	1975. 1.24	
スエ78 14	1965. 3.	盛岡	釜石	釜石	1983. 6.27	
スエ78 15	1966. 3. 31	土崎	横手	高崎	2007. 2.28	*4

※1A：1977年廃車後，スエ71 68(二代目車体)に振替※1B：途中からスエ71 67(1977年廃車)の廃車車体に振替(二代目車体)
※2A：1969年廃車後，オエ70 52(二代目車体)に振替※2B：途中からオエ70 62(1969年廃車)の廃車車体に振替(二代目車体)
※3：途中からスニ75 48(1964年廃車)の廃車車体に振替(二代目車体)
※4：JR東日本引き継ぎ

■番号変遷表

戦災前車体残存	車種	種車形式番号	形式番号	タイプ	形式番号	形式番号	タイプ	形式番号	形式番号
			■オハ70						
×	PC	オハ 31 45	→ オハ 70 1	オハ70-Aタイプ		→ スニ 75 1	スニ75-Cタイプ		→ オエ 70 29
×	PC	オハ 31 471	→ オハ 70 2	オハ70-Aタイプ		→ スニ 75 2	スニ75-Cタイプ		
×	PC	オハ 31 140	→ オハ 70 3	オハ70-Aタイプ		→ スニ 75 3	スニ75-Cタイプ		
×	PC	オハ 31 473	→ オハ 70 4	オハ70-Aタイプ		→ スニ 75 4	スニ75-Cタイプ	※1	
○	PC	オハ 31 132	→ オハ 70 5	オハ70-Dタイプ		→ スニ 75 5	スニ75-Eタイプ		
○	PC	スニ 30 78	→ オハ 70 6	オハ70-Eタイプ		→ スニ 75 6	スニ75-Fタイプ		
○	PC	オハ 31 345	→ オハ 70 7	オハ70-Fタイプ		→ スニ 75 7	スニ75-Gタイプ		
○	PC	オハ 31 396	→ オハ 70 8	オハ70-Gタイプ		→ スニ 75 8	スニ75-Hタイプ		→ オエ 70 33
○	PC	オハ 31 312	→ オハ 70 9	オハ70-Hタイプ		→ スニ 75 9	スニ75-Iタイプ		
○	PC	オロハ 30 18	→ オハ 70 10	オハ70-Iタイプ		→ スニ 75 10	スニ75-Jタイプ		→ オエ 70 45
○	PC	オハ 31	→ オハ 70 11	オハ70-Jタイプ		→ スニ 75 11	スニ75-Kタイプ		→ オエ 70 18
×	PC	オハ 31 11	→ オハ 70 12	オハ70-Aタイプ		→ スニ 75 12	スニ75-Cタイプ		
×	PC	オハ 31 12	→ オハ 70 13	オハ70-Aタイプ		→ スニ 75 13	スニ75-Cタイプ		→ オエ 70 50
×	PC	オロ 31 96	→ オハ 70 14	オハ70-Bタイプ		→ スニ 75 14	スニ75-Dタイプ		
×	PC	オロ 31 73	→ オハ 70 15	オハ70-Aタイプ		→ スニ 75 15	スニ75-Aタイプ		
×	PC	オハフ 30 14	→ オハ 70 16	オハ70-Aタイプ		→ スニ 75 16	スニ75-Aタイプ		→ オエ 70 54
×	PC	スニ 30 42	→ オハ 70 17	オハ70-Bタイプ		→ スニ 75 17	スニ75-Bタイプ		→ オエ 70 42
○	PC	オハ 31 4	→ オハ 70 18	オハ70-Kタイプ		→ スニ 75 18	スニ75-Lタイプ		→ オエ 70 41
×	PC	不明	→ オハ 70 19	オハ70-Bタイプ		→ スニ 75 19	スニ75-Bタイプ		
×	PC	不明	→ オハ 70 20	オハ70-Bタイプ		→ スニ 75 20	スニ75-Bタイプ		→ オエ 70 25
×	PC	不明	→ オハ 70 21	オハ70-Bタイプ		→ スニ 75 21	スニ75-Dタイプ		→ オエ 70 19
×	PC	不明	→ オハ 70 22	オハ70-Bタイプ		→ スニ 75 22	スニ75-Mタイプ		
×	PC	不明	→ オハ 70 23	オハ70-Bタイプ		→ スニ 75 23	スニ75-Bタイプ		→ オエ 70 22
×	PC	スニ 30 69	→ オハ 70 24	オハ70-Bタイプ		→ スニ 75 24	スニ75-Bタイプ		→ オエ 70 39
×	PC	オハ 31 286	→ オハ 70 25	オハ70-Bタイプ		→ スニ 75 25	スニ75-Bタイプ		→ オエ 70 31
×	PC	スニ 30 18	→ オハ 70 26	オハ70-Aタイプ		→ スニ 75 26	スニ75-Aタイプ		→ オエ 70 27 ※3B
×	PC	オロ 31 73	→ オハ 70 27	オハ70-Bタイプ		→ スニ 75 27	スニ75-Bタイプ		→ オエ 70 35
×	PC	不明	→ オハ 70 28	オハ70-Aタイプ		→ スニ 75 28	スニ75-Aタイプ		
×	PC	不明	→ オハ 70 29	オハ70-Aタイプ		→ スニ 75 29	スニ75-Aタイプ		→ オエ 70 13
×	EC	クハ 65 143	→ オハ 70 30	オハ70-Cタイプ		→ スニ 73 11	スニ73-Aタイプ		→ オエ 70 17
×	EC	クハ 65 128	→ オハ 70 31	オハ70-Cタイプ		→ スニ 73 12	スニ73-Aタイプ		→ オエ 70 16
×	EC	サハ 36 006	→ オハ 70 32	オハ70-Cタイプ		→ スニ 73 13	スニ73-Aタイプ		→ オエ 70 47
×	EC	サハ 36 020	→ オハ 70 33	オハ70-Cタイプ		→ スニ 73 14	スニ73-Aタイプ		→ オエ 70 58
×	EC	サハ 36 015	→ オハ 70 34	オハ70-Cタイプ		→ スニ 73 15	スニ73-Aタイプ		
×	EC	サハ 36 005	→ オハ 70 35	オハ70-Cタイプ		→ スニ 73 26	スニ73-Aタイプ		
未確認	EC	サハ 36 007	→ オハ 70 36	未確認		→ スニ 73 1	スニ73-Aタイプ		
×	EC	サハ 36 017	→ オハ 70 37	オハ70-Cタイプ		→ スニ 73 2	スニ73-Aタイプ		→ オエ 70 20
×	PC	オハニ 30 47	→ オハ 70 38	オハ70-Bタイプ		→ スニ 75 30	スニ75-Bタイプ		
×	PC	オハ 31 501	→ オハ 70 39	オハ70-Bタイプ		→ スニ 75 31	スニ75-Bタイプ		
×	PC	不明	→ オハ 70 40	オハ70-Bタイプ		→ スニ 75 32	スニ75-Bタイプ	→ スニ 75 2032	
○	PC	不明	→ オハ 70 41	オハ70-Bタイプ		→ スニ 75 33	スニ75-Bタイプ	→ スニ 75 2033	
×	PC	不明	→ オハ 70 42	オハ70-Bタイプ		→ スニ 75 34	スニ75-Bタイプ	→ スニ 75 2034	
○	PC	オハ 31 400	→ オハ 70 43	オハ70-Lタイプ		→ スニ 75 111	スニ75-Qタイプ	→ スニ 75 151	→ スニ 75 2151
×	PC	不明	→ オハ 70 44	オハ70-Bタイプ		→ スニ 75 36	スニ75-Dタイプ		
×	EC	クハ 38 003	→ オハ 70 45	オハ70-Bタイプ		→ スニ 75 91	スニ75-Dタイプ		→ オエ 70 36
×	EC	クハ 65 125	→ オハ 70 46	オハ70-Cタイプ		→ スニ 73 27	スニ73-Aタイプ		→ オエ 70 49
×	EC	サハ 39 004	→ オハ 70 47	オハ70-Cタイプ		→ スニ 73 28	スニ73-Aタイプ		
○	PC	オハ 31 391	→ オハ 70 48	オハ70-Mタイプ		→ スニ 75 38	スニ75-Nタイプ		
×	EC	クハ 38 002	→ オハ 70 49	オハ70-Bタイプ		→ スニ 75 39	スニ75-Dタイプ	→ スニ 75 2039	
×	PC	不明	→ オハ 70 50	オハ70-Bタイプ		→ スニ 75 40	スニ75-Dタイプ	→ スニ 75 2040	
×	PC	オハ 31 479	→ オハ 70 51	オハ70-Bタイプ		→ スニ 75 41	スニ75-Dタイプ		
×	EC	クハ 38 008	→ オハ 70 52	オハ70-Bタイプ		→ スニ 75 108	スニ75-Bタイプ		→ オエ 70 7
×	EC	サハ 36 014	→ オハ 70 53	オハ70-Bタイプ		→ スニ 75 101	スニ75-Bタイプ		→ オエ 70 52 ※4B
×	EC	クハ 36 015	→ オハ 70 54	オハ70-Bタイプ		→ スニ 75 103	スニ75-Bタイプ		
×	EC	クハ 65 082	→ オハ 70 55	オハ70-Bタイプ		→ スニ 75 104	スニ75-Bタイプ		→ オエ 70 53
×	PC	オロ 31 72	→ オハ 70 56	オハ70-Bタイプ		→ スニ 75 46	スニ75-Bタイプ		→ オエ 70 14
×	PC	オハ 31 350	→ オハ 70 57	オハ70-Bタイプ		→ スニ 75 47	スニ75-Bタイプ		
×	PC	オハ 31 20	→ オハ 70 58	オハ70-Bタイプ		→ スニ 75 48	スニ75-Bタイプ	※3A	
×	PC	スニ 30 108	→ オハ 70 59	オハ70-Bタイプ		→ スニ 75 49	スニ75-Bタイプ		→ オエ 70 51
×	PC	不明	→ オハ 70 60	オハ70-Bタイプ		→ スニ 75 50	スニ75-Bタイプ		
×	PC	オハニ 30 11	→ オハ 70 61	オハ70-Bタイプ		→ スニ 75 51	スニ75-Bタイプ		
×	PC	オロ 31 20	→ オハ 70 62	オハ70-Bタイプ		→ スニ 75 52	スニ75-Bタイプ		
×	EC	サハ 39 015	→ オハ 70 64	オハ70-Cタイプ		→ スニ 73 16	スニ73-Aタイプ		
×	EC	サハ 39 012	→ オハ 70 65	オハ70-Cタイプ		→ スニ 73 17	スニ73-Aタイプ		→ オエ 70 10
×	EC	サハ 39 029	→ オハ 70 66	オハ70-Cタイプ		→ スニ 73 18	スニ73-Aタイプ		→ オエ 70 26
×	EC	モハ 31 012	→ オハ 70 67	オハ70-Cタイプ		→ スニ 73 19	スニ73-Aタイプ		→ オエ 70 48
×	EC	モハ 50 042	→ オハ 70 68	オハ70-Cタイプ		→ スニ 73 20	スニ73-Aタイプ		→ オエ 70 28
×	EC	クハ 65 069	→ オハ 70 69	オハ70-Cタイプ		→ スニ 73 21	スニ73-Aタイプ		→ オエ 70 38 ※2
×	EC	モハ 30 017	→ オハ 70 70	オハ70-Cタイプ		→ スニ 73 22	スニ73-Aタイプ		
×	EC	モハ 30 079	→ オハ 70 71	オハ70-Cタイプ		→ スニ 73 23	スニ73-Aタイプ		→ オエ 70 63
×	EC	クハ 65 106	→ オハ 70 72	オハ70-Cタイプ		→ スニ 73 3	スニ73-Aタイプ		→ オエ 70 2
×	EC	モハ 30 064	→ オハ 70 73	オハ70-Cタイプ		→ スニ 73 29	スニ73-Aタイプ		→ オエ 70 37
×	PC	スニ 30 23	→ オハ 70 74	オハ70-Bタイプ		→ スニ 75 53	スニ75-Bタイプ		→ オエ 70 32
×	PC	スニ 30 34	→ オハ 70 75	オハ70-Bタイプ		→ スニ 75 54	スニ75-Bタイプ		
×	PC	スユ 30 18	→ オハ 70 76	オハ70-Bタイプ		→ スニ 75 55	スニ75-Bタイプ		→ オエ 70 34
×	PC	オハ 31 405	→ オハ 70 77	オハ70-Bタイプ		→ スニ 75 56	スニ75-Bタイプ		
×	PC	オハ 31 114	→ オハ 70 78	オハ70-Bタイプ		→ スニ 75 57	スニ75-Bタイプ		
○	PC	オハ 31 398	→ オハ 70 79	オハ70-Nタイプ		→ スニ 75 58	スニ75-Oタイプ	→ スニ 75 2058	
○	PC	オロ 31 135	→ オハ 70 80	オハ70-Oタイプ		→ スニ 75 59	スニ75-Pタイプ	→ スニ 75 2059	
×	PC	モハ 30 038	→ オハ 70 81	オハ70-Bタイプ		→ スニ 75 109	スニ75-Bタイプ		→ オエ 70 61
×	EC	モハ 50 108	→ オハ 70 82	オハ70-Bタイプ		→ スニ 75 95	スニ75-Bタイプ	→ スニ 75 2095	
○	EC	モハ 30 096	→ オハ 70 83	オハ70-Pタイプ		→ スニ 73 5	スニ73-Bタイプ		→ オエ 70 11
○	EC	モハ 30 127	→ オハ 70 84	オハ70-Pタイプ		→ スニ 73 6	スニ73-Bタイプ		→ オエ 70 43
×	PC	オロ 31 77	→ オハ 70 85	オハ70-Bタイプ		→ スニ 75 62	スニ75-Bタイプ		
×	PC	オハニ 30 30	→ オハ 70 86	オハ70-Bタイプ		→ スニ 75 63	スニ75-Bタイプ		
○	EC	モハ 30 071	→ オハ 70 87	オハ70-Pタイプ		→ スニ 73 33	スニ73-Bタイプ		→ オエ 70 46
×	EC	サハ 75 015	→ オハ 70 88	オハ70-Bタイプ		→ スニ 75 96	スニ75-Bタイプ		→ オエ 70 12
×	EC	モハ 31 014	→ オハ 70 89	オハ70-Bタイプ		→ スニ 75 97	スニ75-Bタイプ		
×	EC	サハ 39 031	→ オハ 70 90	オハ70-Bタイプ		→ スニ 75 106	スニ75-Bタイプ		→ オエ 70 55
×	EC	クハ 65 118	→ オハ 70 91	オハ70-Bタイプ		→ スニ 75 107	スニ75-Bタイプ		→ オエ 70 56
×	EC	クハ 65 178	→ オハ 70 92	オハ70-Bタイプ		→ スニ 75 98	スニ75-Bタイプ		
×	EC	モハ 31 104	→ オハ 70 93	オハ70-Bタイプ		→ スニ 75 92	スニ75-Bタイプ		
×	EC	モハ 30 097	→ オハ 70 94	オハ70-Bタイプ		→ スニ 75 93	スニ75-Bタイプ	→ スニ 75 2093	
×	EC	モハ 30 041	→ オハ 70 95	オハ70-Bタイプ		→ スニ 75 94	スニ75-Bタイプ	→ スニ 75 2094	
×	EC	サハ 36 012	→ オハ 70 96	オハ70-Bタイプ		→ スニ 75 102	スニ75-Bタイプ		
×	EC	サハ 36 021	→ オハ 70 97	オハ70-Bタイプ		→ スニ 75 100	スニ75-Bタイプ	→ スニ 75 2100	
×	EC	サハ 39 034	→ オハ 70 98	オハ70-Bタイプ		→ スニ 75 110	スニ75-Dタイプ		→ オエ 70 57
×	EC	モハ 31 093	→ オハ 70 99	オハ70-Bタイプ		→ スニ 75 99	スニ75-Bタイプ		
×	EC	不明	→ オハ 70 100	オハ70-Bタイプ		→ スニ 75 76	スニ75-Bタイプ		

戦災前車体残存	車種	種車形式番号	形式番号	タイプ	形式番号	形式番号	タイプ	形式番号	形式番号
×	EC	不明	→ オハ 70 101	オハ70-Cタイプ		→ スニ 73 24	スニ73-Aタイプ		→ オエ 70 6
×	EC	サハ 36 050	→ オハ 70 102	オハ70-Cタイプ		→ スニ 73 4	スニ73-Aタイプ		→ オエ 70 23
×	EC	モハ 30 184	→ オハ 70 103	オハ70-Cタイプ		→ スニ 73 30	スニ73-Aタイプ		
×	EC	サハ 75	→ オハ 70 104	オハ70-Cタイプ		→ スニ 73 31	スニ73-Aタイプ		→ オエ 70 15
×	EC	モハ 30 069	→ オハ 70 105	オハ70-Cタイプ		→ スニ 73 32	スニ73-Aタイプ		
×	EC	クハ 65 196	→ オハ 70 106	オハ70-Cタイプ		→ スニ 73 7	スニ73-Aタイプ		→ オエ 70 40
×	EC	クハ 65 032	→ オハ 70 107	オハ70-Cタイプ		→ スニ 73 34	スニ73-Aタイプ		→ オエ 70 59
×	EC	クハ 65	→ オハ 70 108	オハ70-Cタイプ		→ スニ 73 8	スニ73-Aタイプ		→ オエ 70 3
×	EC	サハ 39	→ オハ 70 109	オハ70-Cタイプ		→ スニ 73 9	スニ73-Aタイプ		→ オヤ 70 1
×	EC	サハ 39	→ オハ 70 110	オハ70-Cタイプ		→ スニ 73 10	スニ73-Aタイプ		→ オエ 70 4
○	EC	モハ 31 053	→ オハ 70 111	オハ70-Pタイプ		→ スニ 73 25	スニ73-Bタイプ		→ オエ 70 5
×	PC	オハ 31 263	→ オハ 70 112	オハ70-Bタイプ		→ スニ 75 77	スニ75-Dタイプ		→ オエ 70 60
×	EC	クハ 65 103	→ オハ 70 113	オハ70-Bタイプ		→ スニ 75 105	スニ75-Bタイプ	→ スニ 75 2105	
×	PC	オハ 31 220	→ オハ 70 114	オハ70-Bタイプ		→ スニ 75 79	スニ75-Dタイプ		→ オエ 70 44
			■オハ71						
×	PC	スハ 36 92	→ オハ 71 1	オハ71-Aタイプ		→ マニ 74 55	マニ74-Aタイプ		→ スエ 71 102
×	PC	スハ 32	→ オハ 71 2	オハ71-Aタイプ		→ マニ 74 56	マニ74-Aタイプ		→ スエ 71 28
×	PC	不明	→ オハ 71 3	オハ71-Aタイプ		→ マニ 74 57	マニ74-Aタイプ		→ スエ 71 27
×	PC	オハ 35 523	→ オハ 71 4	オハ71-Aタイプ		→ マニ 74 58	マニ74-Aタイプ		→ スエ 71 38
×	PC	オハフ 33 198	→ オハ 71 5	オハ71-Aタイプ		→ マニ 74 59	マニ74-Aタイプ		→ スエ 71 39
×	PC	スハ 32 502	→ オハ 71 6	オハ71-Aタイプ		→ マニ 74 60	マニ74-Aタイプ		→ スエ 71 76
×	PC	スハフ 35 1	→ オハ 71 7	オハ71-Aタイプ		→ マニ 74 61	マニ74-Aタイプ		→ スエ 71 77
×	PC	スハ 36 43	→ オハ 71 8	オハ71-Aタイプ		→ マニ 74 62	マニ74-Aタイプ		→ スエ 71 78
×	PC	オロフ 32 10	→ オハ 71 9	オハ71-Aタイプ		→ マニ 74 63	マニ74-Aタイプ		→ オル 71 101
×	PC	オハ 35 253	→ オハ 71 10	オハ71-Aタイプ		→ マニ 74 64	マニ74-Aタイプ		
○	EC	クハ 55 070	→ オハ 71 11	オハ71-Dタイプ		→ スユニ 72 51	スユニ72-Gタイプ		→ スエ 71 19
○	EC	クハ 55 131	→ オハ 71 12	オハ71-Eタイプ		→ スユニ 72 52	スユニ72-Hタイプ		
○	EC	クハ 55 114	→ オハ 71 13	オハ71-Fタイプ		→ スユニ 72 53	スユニ72-Iタイプ		→ スエ 71 96
×	PC	スハ 32 114	→ オハ 71 14	オハ71-Aタイプ		→ マニ 74 65	マニ74-Aタイプ		→ スエ 71 15
×	PC	オロ 35 39	→ オハ 71 15	オハ71-Aタイプ		→ マニ 74 66	マニ74-Aタイプ		→ スエ 71 84
×	PC	スハニ 33 8	→ オハ 71 16	オハ71-Aタイプ		→ マニ 74 50	マニ74-Aタイプ		
×	PC	スハ 36 2	→ オハ 71 17	オハ71-Aタイプ		→ マニ 74 51	マニ74-Aタイプ		→ スエ 71 86
×	PC	スハフ 32 233	→ オハ 71 18	オハ71-Aタイプ		→ マニ 74 67	マニ74-Aタイプ		→ スエ 71 79
×	PC	スハ 32 478	→ オハ 71 19	オハ71-Aタイプ		→ マニ 74 68	マニ74-Aタイプ		
×	PC	オハ 35 195	→ オハ 71 20	オハ71-Aタイプ		→ マニ 74 52	マニ74-Aタイプ		→ スエ 71 74
×	PC	不明	→ オハ 71 21	オハ71-Aタイプ		→ マニ 74 69	マニ74-Aタイプ		→ スエ 71 17
×	PC	スハ 32 296	→ オハ 71 22	オハ71-Bタイプ		→ マニ 74 70	マニ74-Bタイプ		→ スエ 71 69
×	PC	スハ 32 809	→ オハ 71 23	オハ71-AorBタイプ		→ スユニ 72 2	スユニ72-Aタイプ		
×	PC	不明	→ オハ 71 24	オハ71-AorBタイプ		→ スユニ 72 3	スユニ72-Aタイプ		
×	PC	スハ 32 139	→ オハ 71 25	オハ71-AorBタイプ		→ スユニ 72 4	スユニ72-Aタイプ		
×	PC	スロ 33 8	→ オハ 71 26	オハ71-Bタイプ		→ スユニ 72 5	スユニ72-Aタイプ		→ スエ 71 12
○	PC	オハフ 33	→ オハ 71 27	オハ71-Gタイプ		→ スユニ 72 6	スユニ72-Cタイプ		
×	PC	スハユ 30 6	→ オハ 71 28	オハ71-AorBタイプ		→ スユニ 72 7	スユニ72-Aタイプ		
×	PC	スハフ 32 176	→ オハ 71 29	オハ71-AorBタイプ		→ スユニ 72 8	スユニ72-Aタイプ		
×	PC	不明	→ オハ 71 30	オハ71-AorBタイプ		→ スユニ 72 9	スユニ72-Aタイプ		
×	PC	マユ 34 3	→ オハ 71 31	オハ71-AorBタイプ		→ スユニ 72 10	スユニ72-Aタイプ		
×	PC	不明	→ オハ 71 32	オハ71-Aタイプ		→ マニ 74 53	マニ74-Aタイプ		→ スエ 71 75
×	PC	スロハ 32 9	→ オハ 71 33	オハ71-Aタイプ		→ マニ 74 54	マニ74-Aタイプ		
×	PC	スロ 32 12	→ オハ 71 34	オハ71-Aタイプ		→ オユニ 71 1	オユニ71-Aタイプ		
×	PC	スハ 36 23	→ オハ 71 35	オハ71-Aタイプ		→ オユニ 71 2	オユニ71-Aタイプ		
×	PC	オロ 40 6	→ オハ 71 36	オハ71-Aタイプ		→ オユニ 71 3	オユニ71-Aタイプ		
×	PC	不明	→ オハ 71 37	オハ71-Bタイプ		→ マニ 74 71	マニ74-Bタイプ		→ スエ 71 30
×	PC	不明	→ オハ 71 38	オハ71-Aタイプ		→ マニ 74 72	マニ74-Aタイプ		→ スエ 71 44
×	PC	スハフ 32 227	→ オハ 71 39	オハ71-Bタイプ		→ マニ 74 73	マニ74-Bタイプ		
×	PC	オハ 35 439	→ オハ 71 40	オハ71-AorBタイプ		→ スユニ 72 11	スユニ72-Aタイプ		
×	PC	オハフ 33 204	→ オハ 71 41	オハ71-AorBタイプ		→ スユニ 72 12	スユニ72-Aタイプ		→ スエ 71 91
×	PC	スロ 33 7	→ オハ 71 42	オハ71-AorBタイプ		→ スユニ 72 13	スユニ72-Aタイプ		→ スエ 71 97
○	PC	スロハ 31 33	→ オハ 71 43	オハ71-Hタイプ		→ スユニ 72 14	スユニ72-Dタイプ		→ スエ 71 98
×	PC	スロハ 31 27	→ オハ 71 44	オハ71-Bタイプ		→ マニ 74 74	マニ74-Bタイプ		
×	PC	スハ 36 65	→ オハ 71 45	オハ71-Bタイプ		→ スユニ 72 15	スユニ72-Aタイプ		
×	PC	不明	→ オハ 71 46	オハ71-Bタイプ		→ オユニ 71 4	オユニ71-Aタイプ		→ スエ 71 33
×	PC	オハフ 33 323	→ オハ 71 47	オハ71-AorBタイプ		→ スユニ 72 16	スユニ72-Aタイプ		
×	PC	オハ 35 85or141	→ オハ 71 48	オハ71-Bタイプ		→ マニ 74 76	マニ74-Bタイプ		→ オル 71 102
×	PC	スハ 32 258	→ オハ 71 49	オハ71-AorBタイプ		→ スユニ 72 17	スユニ72-Aタイプ		
×	PC	スハフ 32 202	→ オハ 71 50	オハ71-Bタイプ		→ スユニ 72 18	スユニ72-Aタイプ		
×	PC	オロ 40 23	→ オハ 71 51	オハ71-Aタイプ		→ マニ 76 15	マニ76-Aタイプ		→ スエ 71 81
×	PC	スハフ 35 23	→ オハ 71 52	オハ71-Bタイプ		→ オユニ 71 6	オユニ71-Bタイプ		
×	PC	不明	→ オハ 71 53	オハ71-Aタイプ		→ オユニ 71 7	オユニ71-Aタイプ		
×	PC	スハ 32 449	→ オハ 71 54	オハ71-Bタイプ		→ マニ 74 77	マニ74-Bタイプ		→ オル 71 103
×	PC	オハ 34 78	→ オハ 71 55	オハ71-Bタイプ		→ マニ 76 19	マニ76-Bタイプ		
×	PC	オハ 34 120	→ オハ 71 56	オハ71-AorBタイプ		→ スユニ 72 19	スユニ72-Aタイプ		→ スエ 71 34
×	PC	オハ 35 379	→ オハ 71 57	オハ71-AorBタイプ		→ スユニ 72 20	スユニ72-Aタイプ		
×	PC	オハ 34 30	→ オハ 71 58	オハ71-AorBタイプ		→ スユニ 72 21	スユニ72-Aタイプ		→ スエ 71 35
×	PC	オハ 40 51	→ オハ 71 59	オハ71-AorBタイプ		→ スユニ 72 22	スユニ72-Aタイプ		
×	PC	不明	→ オハ 71 60	オハ71-Bタイプ		→ スユニ 72 23	スユニ72-Aタイプ		
×	PC	スハニ 31 12	→ オハ 71 61	オハ71-AorBタイプ		→ スユニ 72 33	スユニ72-Aタイプ		
×	PC	スハフ 32 227	→ オハ 71 62	オハ71-AorBタイプ		→ スユニ 72 24	スユニ72-Aタイプ		
×	PC	スハ 32 629	→ オハ 71 63	オハ71-Aタイプ		→ マニ 76 21	マニ76-Aタイプ		
×	PC	スハニ 32 40	→ オハ 71 64	オハ71-Bタイプ		→ マニ 74 75	マニ74-Bタイプ		→ スエ 71 67 ※5A
×	PC	オハフ 33 191	→ オハ 71 65	オハ71-AorBタイプ		→ スユニ 72 25	スユニ72-Aタイプ		
×	PC	スハ 32 263	→ オハ 71 66	オハ71-AorBタイプ		→ スユニ 72 26	スユニ72-Aタイプ		
×	PC	オハ 35 536	→ オハ 71 67	オハ71-AorBタイプ		→ スユニ 72 27	スユニ72-Aタイプ		
×	PC	不明	→ オハ 71 68	オハ71-AorBタイプ		→ スユニ 72 28	スユニ72-Aタイプ		
×	PC	スハフ 32 96	→ オハ 71 69	オハ71-AorBタイプ		→ スユニ 72 29	スユニ72-Aタイプ		
×	PC	オハ 35 212or389	→ オハ 71 70	オハ71-Bタイプ		→ マニ 76 1	マニ76-Bタイプ	→ マニ 76 2001	
×	PC	オハ 35 392	→ オハ 71 71	オハ71-Bタイプ		→ マニ 76 2	マニ76-Bタイプ		→ スエ 71 61
×	PC	オハ 35 58	→ オハ 71 72	オハ71-Bタイプ		→ マニ 76 3	マニ76-Bタイプ		
×	PC	オハフ 33 124	→ オハ 71 73	オハ71-Bタイプ		→ マニ 76 4	マニ76-Bタイプ		→ スエ 71 46
×	PC	スハニ 31 34	→ オハ 71 74	オハ71-Bタイプ		→ マニ 76 5	マニ76-Bタイプ		→ スエ 71 92
×	PC	不明	→ オハ 71 75	オハ71-Aタイプ		→ マニ 76 6	マニ76-Cタイプ		
×	PC	不明	→ オハ 71 76	オハ71-Aタイプ		→ マニ 76 7	マニ76-Cタイプ		→ スエ 71 31
×	PC	不明	→ オハ 71 77	オハ71-Aタイプ		→ マニ 76 8	マニ76-Aタイプ		→ スエ 71 58
×	PC	不明	→ オハ 71 78	オハ71-AorBタイプ		→ マニ 76 9	マニ76-AorBタイプ		
×	PC	不明	→ オハ 71 79	オハ71-Aタイプ		→ マニ 76 10	マニ76-Cタイプ		→ スエ 71 68 ※5B
×	PC	不明	→ オハ 71 80	オハ71-Aタイプ		→ マニ 76 11	マニ76-Cタイプ		→ スエ 71 87
×	PC	不明	→ オハ 71 81	オハ71-Aタイプ		→ マニ 76 12	マニ76-Cタイプ		
×	PC	スハ 32 301	→ オハ 71 82	オハ71-Aタイプ		→ マニ 76 13	マニ76-Cタイプ		
×	PC	不明	→ オハ 71 83	オハ71-Aタイプ		→ マニ 76 14	マニ76-Aタイプ		→ スエ 71 80
×	PC	不明	→ オハ 71 84	オハ71-AorBタイプ		→ スユニ 72 30	スユニ72-Aタイプ		
×	PC	スハ 32 282	→ オハ 71 85	オハ71-Aタイプ		→ マニ 76 16	マニ76-Aタイプ	→ マニ 76 2016	

戦災前車体残存	車種	種車形式番号	形式番号	タイプ	形式番号	形式番号	タイプ	形式番号	形式番号
×	PC	スハ 32 556	→ オハ 71 86	オハ71-Bタイプ		→ マニ 74 78	マニ74-Bタイプ		
×	PC	不明	→ オハ 71 87	オハ71-Bタイプ		→ マニ 74 79	マニ74-Bタイプ	→ マニ 74 2079	
×	PC	オハ 35 212	→ オハ 71 88	オハ71-Bタイプ		→ マニ 76 17	マニ76-Bタイプ		
×	PC	スハフ 32 110	→ オハ 71 89	オハ71-Bタイプ		→ マニ 76 18	マニ76-Bタイプ		
×	PC	オハ 35 299	→ オハ 71 90	オハ71-Aタイプ		→ スユニ 72 54	スユニ72-Aタイプ		→ スエ 71 29
×	PC	スハ 32 282	→ オハ 71 91	オハ71-Aタイプ		→ マニ 76 20	マニ76-Aタイプ		→ スエ 71 40
×	PC	不明	→ オハ 71 92	オハ71-Aタイプ		→ スユニ 72 55	スユニ72-Aタイプ		
×	PC	不明	→ オハ 71 93	オハ71-Aタイプ		→ マニ 76 22	マニ76-Aタイプ		
×	PC	オハ 35 492	→ オハ 71 94	オハ71-Aタイプ		→ マニ 76 23	マニ76-Aタイプ		→ スエ 71 3
×	PC	オハ 35 524	→ オハ 71 95	オハ71-Aタイプ		→ マニ 76 24	マニ76-Cタイプ		→ スエ 71 89
×	PC	スハ 32	→ オハ 71 96	オハ71-Bタイプ		→ マニ 76 25	マニ76-Bタイプ		
×	PC	オハ 35 533	→ オハ 71 97	オハ71-Bタイプ		→ マニ 76 26	マニ76-Bタイプ		
×	PC	オハ 40 46	→ オハ 71 98	オハ71-Bタイプ		→ マニ 76 27	マニ76-Bタイプ		
×	PC	スロハフ 30 3	→ オハ 71 99	オハ71-Aタイプ		→ マニ 74 80	マニ74-Aタイプ		→ スエ 71 103
×	PC	スハ 32 444	→ オハ 71 100	オハ71-Bタイプ		→ マニ 76 28	マニ76-Bタイプ		→ スエ 71 7
×	PC	オハフ 33 94	→ オハ 71 101	オハ71-Bタイプ		→ マニ 76 29	マニ76-Bタイプ	→ マニ 76 2029	
×	PC	オハ 35 465	→ オハ 71 102	オハ71-Bタイプ		→ マニ 74 81	マニ74-Bタイプ	→ マニ 74 2081	
×	PC	スイネ 30 14	→ オハ 71 103	オハ71-Bタイプ		→ マニ 76 30	マニ76-Bタイプ	→ マニ 76 2030	→ スエ 71 94
×	PC	~~スハフ 32 291~~	→ オハ 71 104	オハ71-Bタイプ		→ マニ 76 31	マニ76-Bタイプ	→ マニ 76 2031	
×	PC	オロ 40 48	→ オハ 71 105	オハ71-Bタイプ		→ マニ 76 32	マニ76-Bタイプ	→ マニ 76 2032	
×	EC	クハニ 67 008	→ オハ 71 106	オハ71-Cタイプ		→ マニ 74 14	マニ74-Cタイプ		
×	EC	サハ 57 002	→ オハ 71 107	オハ71-Cタイプ		→ マニ 74 1	マニ74-Dタイプ		
×	EC	モハ 60 063	→ オハ 71 108	オハ71-Cタイプ		→ マニ 74 2	マニ74-Dタイプ		→ スエ 71 2
○	PC	スハ 32 468	→ オハ 71 109	オハ71-Iタイプ		→ マニ 76 33	マニ76-Dタイプ		→ スエ 71 90
×	PC	スハ 32	→ オハ 71 110	オハ71-Bタイプ		→ マニ 76 34	マニ76-Bタイプ		→ スエ 71 20
×	PC	スハフ 32	→ オハ 71 111	オハ71-Bタイプ		→ マニ 76 35	マニ76-Bタイプ		→ スエ 71 93
×	EC	サハ 48 011	→ オハ 71 112	オハ71-Cタイプ		→ マニ 74 3	マニ74-Dタイプ		→ スエ 71 4
×	EC	クハ 55 019	→ オハ 71 113	オハ71-Cタイプ		→ マニ 74 4	マニ74-Dタイプ		→ スエ 71 16
×	EC	サハ 57 050	→ オハ 71 114	オハ71-Cタイプ		→ マニ 74 5	マニ74-Dタイプ		
×	PC	スハ 32	→ オハ 71 115	オハ71-Bタイプ		→ マニ 76 36	マニ76-Bタイプ		
×	EC	クハ 55 138	→ オハ 71 116	オハ71-Cタイプ		→ マニ 74 6	マニ74-Dタイプ		
×	EC	モハ 60 042	→ オハ 71 117	オハ71-Cタイプ		→ マニ 74 7	マニ74-Dタイプ		
×	EC	クハ 55 135 orモハ 60 042	→ オハ 71 118	オハ71-Cタイプ		→ マニ 74 8	マニ74-Dタイプ		
○	PC	スロハ 31 44	→ オハ 71 119	オハ71-Jタイプ		→ マニ 76 37	マニ76-Eタイプ	→ マニ 76 2037	
×	EC	モハ 41 094	→ オハ 71 120	オハ71-Bタイプ		→ マニ 76 92	マニ76-Bタイプ		
×	EC	モハ 41 100	→ オハ 71 121	オハ71-Bタイプ		→ マニ 76 93	マニ76-Bタイプ	→ マニ 76 2093	
未確認	EC	モハ 41 093	→ オハ 71 122	未確認		→ マニ 76 91	未確認		
×	EC	クハ 79 009	→ オハ 71 123	オハ71-Cタイプ		→ マニ 74 9	マニ74-Dタイプ		
○	EC	モハ 60 064	→ オハ 71 124	オハ71-Kタイプ		→ マニ 74 10	マニ74-Eタイプ		→ スエ 71 59
×	EC	サハ 78 013or014	→ オハ 71 125	オハ71-Cタイプ		→ マニ 74 11	マニ74-Dタイプ		→ スエ 71 83
×	EC	クハ 55 066	→ オハ 71 126	オハ71-Bタイプ		→ マニ 74 12	マニ74-Bタイプ		→ スエ 71 56
×	EC	モハ 60 103	→ オハ 71 127	オハ71-Bタイプ		→ マニ 74 13	マニ74-Bタイプ		→ スエ 71 88
×	EC	モハ 40 005	→ オハ 71 128	オハ71-Bタイプ		→ オユニ 71 8	オユニ71-Bタイプ		
×	EC	モハ 60 041	→ オハ 71 129	オハ71-Bタイプ		→ オユニ 71 9	オユニ71-Bタイプ		
×	EC	モハ 60 109	→ オハ 71 130	オハ71-Bタイプ		→ オユニ 71 10	オユニ71-Bタイプ		
×	PC	オイ 31 3	→ オハ 71 131	オハ71-Bタイプ		→ オユニ 71 5	オユニ71-Bタイプ		→ スエ 71 11
×	EC	モハ 42 003	→ オハ 71 133	オハ71-Bタイプ		→ マニ 76 41	マニ76-Bタイプ		
○	PC	スハ 32 770	→ オハ 71 500	オハ71-Lタイプ		→ オハユニ 71 1	オハユニ71-Aタイプ		
○	PC	スハ 32 232	→ オハ 71 501	オハ71-Lタイプ		→ オハユニ 71 2	オハユニ71-Aタイプ		→ スエ 71 8
○	PC	スハ 32 431	→ オハ 71 502	オハ71-Lタイプ		→ オハユニ 71 3	オハユニ71-Aタイプ		→ スエ 71 9
○	PC	スハ 32 407	→ オハ 71 503	オハ71-Lタイプ		→ オハユニ 71 4	オハユニ71-Aタイプ		
○	PC	スハ 32	→ オハ 71 504	オハ71-Lタイプ		→ スユニ 72 1	スユニ72-Bタイプ		
○	PC	スハ 32	→ オハ 71 505	オハ71-Lタイプ		→ オハユニ 71 5	オハユニ71-Aタイプ		→ スエ 71 51
○	PC	スハ 32	→ オハ 71 506	オハ71-Lタイプ		→ オハユニ 71 6	オハユニ71-Aタイプ		→ スエ 71 60
○	PC	スハ 36	→ オハ 71 507	オハ71-Lタイプ		→ オハユニ 71 7	オハユニ71-Aタイプ		→ スエ 71 50
○	PC	スハ 36 100	→ オハ 71 508	オハ71-Lタイプ		→ オハユニ 71 8	オハユニ71-Aタイプ		→ スエ 71 47
○	PC	スハ 32 373	→ オハ 71 509	オハ71-Mタイプ		→ オハユニ 71 9	オハユニ71-Bタイプ		→ スエ 71 41
○	PC	スハフ 32 290	→ オハ 71 510	オハ71-Nタイプ		→ オハユニ 71 10	オハユニ71-Cタイプ		→ スエ 71 42
○	PC	スハフ 32	→ オハ 71 511	オハ71-Lタイプ		→ オハユニ 71 11	オハユニ71-Aタイプ		
○	PC	スハ 32 631	→ オハ 71 512	オハ71-Lタイプ		→ オハユニ 71 12	オハユニ71-Aタイプ		→ スエ 71 32
○	PC	スハ 32 123	→ オハ 71 513	オハ71-Lタイプ		→ オハユニ 71 13	オハユニ71-Aタイプ		→ スエ 71 25
○	PC	スハフ 32 319	→ オハ 71 514	オハ71-Nタイプ		→ オハユニ 71 14	オハユニ71-Cタイプ		→ スエ 71 26
○	PC	オハフ 33 19	→ オハ 71 515	オハ71-Pタイプ		→ オハユニ 71 15	オハユニ71-Dタイプ		→ スエ 71 10
○	PC	オハ 35	→ オハ 71 516	オハ71-Oタイプ		→ オハユニ 71 16	オハユニ71-Eタイプ	→ オル 71 104	→ スエ 71 13
○	PC	スハニ 31 19	→ オハ 71 517	オハ71-Qタイプ		→ オハユニ 71 17	オハユニ71-Fタイプ		→ スエ 71 24
○	PC	オハフ 33 96	→ オハ 71 518	オハ71-Pタイプ		→ オハユニ 71 18	オハユニ71-Dタイプ		
○	PC	オハ 35 389	→ オハ 71 519	オハ71-Oタイプ		→ オハユニ 71 19	オハユニ71-Eタイプ		
○	PC	オハフ 33 5	→ オハ 71 520	オハ71-Pタイプ		→ オハユニ 71 20	オハユニ71-Dタイプ		
○	PC	オハ 34 126	→ オハ 71 521	オハ71-Rタイプ		→ スユニ 72 31	スユニ72-Eタイプ		→ スエ 71 82
○	PC	オハ 35 548	→ オハ 71 522	オハ71-Qタイプ		→ スユニ 72 32	スユニ72-Fタイプ		
			■オハ77→オハ78						
×	PC	マハ 47 128	→ オハ 77 1	オハ77-AorBタイプ	→ オハ 78 1	→ マユニ 78 1	マユニ78-Aタイプ		→ スエ 78 4
×	PC	~~カニ 37 5~~	→ オハ 77 2	オハ77-Aタイプ	→ オハ 78 2	→ マユニ 78 2	マユニ78-Aタイプ		→ スエ 78 11
×	PC	不明	→ オハ 77 3	オハ77-AorBタイプ	→ オハ 78 3	→ マユニ 78 14	マユニ78-Aタイプ		
×	PC	マハ 47 53	→ オハ 77 4	オハ77-Aタイプ	→ オハ 78 4	→ マユニ 78 17	マユニ78-Aタイプ		
×	PC	マハ 47 72	→ オハ 77 5	オハ77-AorBタイプ	→ オハ 78 5	→ マユニ 78 18	マユニ78-Aタイプ		
×	PC	マハ 47 73	→ オハ 77 6	オハ77-AorBタイプ	→ オハ 78 6	→ マユニ 78 19	マユニ78-Aタイプ		→ スエ 78 9
×	PC	マハ 47 74	→ オハ 77 7	オハ77-AorBタイプ	→ オハ 78 7	→ マユニ 78 20	マユニ78-Aタイプ		
×	PC	スハシ 49 21	→ オハ 77 8	オハ77-AorBタイプ	→ オハ 78 8	→ マユニ 78 21	マユニ78-Aタイプ		→ スエ 78 15
×	PC	~~カニ 37 1~~	→ オハ 77 9	オハ77-AorBタイプ	→ オハ 78 9	→ マユニ 78 13	マユニ78-Aタイプ		→ スエ 78 8
×	PC	スシ 38 5	→ オハ 77 10	オハ77-AorBタイプ	→ オハ 78 10	→ マユニ 78 22	マユニ78-Aタイプ		
×	PC	マハ 47 106	→ オハ 77 11	オハ77-AorBタイプ	→ オハ 78 11	→ マユニ 78 15	マユニ78-Aタイプ		
×	PC	マハ 47 13	→ オハ 77 12	オハ77-Bタイプ	→ オハ 78 12	→ マユニ 78 3	マユニ78-Aタイプ		→ スエ 78 12
×	PC	マハ 47 8	→ オハ 77 13	オハ77-AorBタイプ	→ オハ 78 13	→ マユニ 78 4	マユニ78-Aタイプ		
×	PC	マハ 47 176	→ オハ 77 14	オハ77-Aタイプ	→ オハ 78 14	→ マユニ 78 5	マユニ78-Aタイプ		
○	PC	マハ 47 83	→ オハ 77 15	オハ77-Cタイプ	→ オハ 78 15	→ マユニ 78 16	マユニ78-Cタイプ		
×	PC	マハ 47 96	→ オハ 77 16	オハ77-AorBタイプ	→ オハ 78 16	→ マユニ 78 23	マユニ78-Aタイプ→Bタイプ		
×	PC	マハ 47 107	→ オハ 77 17	オハ77-AorBタイプ	→ オハ 78 17	→ マユニ 78 24	マユニ78-Aタイプ→Bタイプ		
×	PC	マハ 47 108	→ オハ 77 18	オハ77-Bタイプ	→ オハ 78 18	→ マユニ 78 6	マユニ78-Aタイプ		
×	PC	マハ 47 150	→ オハ 77 19	オハ77-Bタイプ	→ オハ 78 19	→ マユニ 78 25	マユニ78-Aタイプ→Bタイプ		
×	PC	マハ 47 55	→ オハ 77 20	オハ77-AorBタイプ	→ オハ 78 20	→ マユニ 78 7	マユニ78-Aタイプ		→ スエ 78 5
×	PC	マハ 47	→ オハ 77 21	オハ77-AorBタイプ	→ オハ 78 21	→ マユニ 78 8	マユニ78-Aタイプ		
×	PC	スハシ 49 20	→ オハ 77 22	オハ77-AorBタイプ	→ オハ 78 22	→ マユニ 78 27	マユニ78-Bタイプ		
×	PC	マハ 47 114	→ オハ 77 23	オハ77-AorBタイプ	→ オハ 78 23	→ マユニ 78 9	マユニ78-Aタイプ		→ スエ 78 6
×	PC	マハ 47 61	→ オハ 77 25	オハ77-Bタイプ	→ オハ 78 24	→ マユニ 78 26	マユニ78-Bタイプ		
×	PC	マハ 47 193	→ オハ 77 26	オハ77-AorBタイプ	→ オハ 78 25	→ マユニ 78 28	マユニ78-Bタイプ		
×	PC	マハ 47 115	→ オハ 77 27	オハ77-AorBタイプ	→ オハ 78 26	→ マユニ 78 10	マユニ78-Aタイプ		→ スエ 78 7
×	PC	マハ 47 126	→ オハ 77 28	オハ77-AorBタイプ	→ オハ 78 27	→ マユニ 78 11	マユニ78-Aタイプ		→ スエ 78 13
×	PC	マハ 37 4	→ オハ 77 29	オハ77-Bタイプ	→ オハ 78 28	→ マユニ 78 12	マユニ78-Aタイプ		→ スエ 78 14
×	PC	不明	→ オハ 77 30	オハ77-AorBタイプ	→ オハ 78 29	→ マユニ 78 29	マユニ78-Bタイプ		

戦災前車体残存	車種	種車形式番号	形式番号	タイプ	形式番号	形式番号	タイプ	形式番号	形式番号
			■オハフ71						
○	EC	モハ 60 030	→ オハフ 71 1	オハフ71-Aタイプ		→ スユニ 72 56	スユニ72-Jタイプ		
○	EC	クハ 55 083	→ オハフ 71 2	オハフ71-Bタイプ		→ スユニ 72 57	スユニ72-Kタイプ		
						■オハユニ71			
○	PC	スハ 32 770	→ オハ 71 500	オハ71-Lタイプ		→ オハユニ 71 1	オハユニ71-Aタイプ		
○	PC	スハ 32 232	→ オハ 71 501	オハ71-Lタイプ		→ オハユニ 71 2	オハユニ71-Aタイプ		→ スエ 71 8
○	PC	スハ 32 431	→ オハ 71 502	オハ71-Lタイプ		→ オハユニ 71 3	オハユニ71-Aタイプ		→ スエ 71 9
○	PC	スハ 32 407	→ オハ 71 503	オハ71-Lタイプ		→ オハユニ 71 4	オハユニ71-Aタイプ		
○	PC	スハ 32	→ オハ 71 505	オハ71-Lタイプ		→ オハユニ 71 5	オハユニ71-Aタイプ		→ スエ 71 51
○	PC	スハ 32	→ オハ 71 506	オハ71-Lタイプ		→ オハユニ 71 6	オハユニ71-Aタイプ		→ スエ 71 60
○	PC	スハ 36	→ オハ 71 507	オハ71-Lタイプ		→ オハユニ 71 7	オハユニ71-Aタイプ		→ スエ 71 50
○	PC	スハ 36 100	→ オハ 71 508	オハ71-Lタイプ		→ オハユニ 71 8	オハユニ71-Aタイプ		→ スエ 71 47
○	PC	スハ 32 373	→ オハ 71 509	オハ71-Mタイプ		→ オハユニ 71 9	オハユニ71-Bタイプ		→ スエ 71 41
○	PC	スハフ 32 290	→ オハ 71 510	オハ71-Nタイプ		→ オハユニ 71 10	オハユニ71-Cタイプ		→ スエ 71 42
○	PC	スハフ 32	→ オハ 71 511	オハ71-Lタイプ		→ オハユニ 71 11	オハユニ71-Aタイプ		
○	PC	スハ 32 631	→ オハ 71 512	オハ71-Lタイプ		→ オハユニ 71 12	オハユニ71-Aタイプ		→ スエ 71 32
○	PC	スハ 32 123	→ オハ 71 513	オハ71-Lタイプ		→ オハユニ 71 13	オハユニ71-Aタイプ		→ スエ 71 25
○	PC	スハフ 32 319	→ オハ 71 514	オハ71-Nタイプ		→ オハユニ 71 14	オハユニ71-Cタイプ		→ スエ 71 26
○	PC	オハフ 33 19	→ オハ 71 515	オハ71-Pタイプ		→ オハユニ 71 15	オハユニ71-Dタイプ		→ スエ 71 10
○	PC	オハ 35	→ オハ 71 516	オハ71-Oタイプ		→ オハユニ 71 16	オハユニ71-Eタイプ	→ オル 71 104	→ スエ 71 13
○	PC	スハニ 31 19	→ オハ 71 517	オハ71-Qタイプ		→ オハユニ 71 17	オハユニ71-Fタイプ		→ スエ 71 24
○	PC	オハフ 33 96	→ オハ 71 518	オハ71-Pタイプ		→ オハユニ 71 18	オハユニ71-Dタイプ		
○	PC	オハ 35 389	→ オハ 71 519	オハ71-Oタイプ		→ オハユニ 71 19	オハユニ71-Eタイプ		
○	PC	オハフ 33 5	→ オハ 71 520	オハ71-Pタイプ		→ オハユニ 71 20	オハユニ71-Dタイプ		
			■スユ71→スユ72						
×	PC	不明	→ スユ 71 1	スユ71-Aタイプ		→ スユ 72 1	スユ72-Aタイプ		→ スエ 71 62
×	PC	不明	→ スユ 71 2	スユ71-Aタイプ		→ スユ 72 2	スユ72-Aタイプ		→ スエ 71 18
×	PC	不明	→ スユ 71 3	スユ71-Aタイプ		→ スユ 72 3	スユ72-Aタイプ		→ スエ 71 21
×	PC	不明	→ スユ 71 4	スユ71-Aタイプ		→ スユ 72 4	スユ72-Aタイプ		
×	PC	不明	→ スユ 71 5	スユ71-Aタイプ		→ スユ 72 5	スユ72-Aタイプ		
×	PC	不明	→ スユ 71 6	スユ71-Aタイプ		→ スユ 72 6	スユ72-Aタイプ		→ スエ 71 55
×	PC	不明	→ スユ 71 7	スユ71-Aタイプ		→ スユ 72 7	スユ72-Aタイプ		→ スエ 71 53
×	PC	不明	→ スユ 71 8	スユ71-Aタイプ		→ スユ 72 8	スユ72-Aタイプ		
×	PC	不明	→ スユ 71 9	スユ71-Aタイプ		→ スユ 72 9	スユ72-Aタイプ		→ スエ 71 70
×	PC	不明	→ スユ 71 10	スユ71-Aタイプ		→ スユ 72 10	スユ72-Aタイプ		→ スエ 71 52
×	PC	不明	→ スユ 71 11	スユ71-Aタイプ		→ スユ 72 11	スユ72-Aタイプ		→ スエ 71 54
×	PC	不明	→ スユ 71 12	スユ71-Aタイプ		→ スユ 72 12	スユ72-Aタイプ		→ スエ 71 63
×	PC	不明	→ スユ 71 13	スユ71-Aタイプ		→ スユ 72 13	スユ72-Aタイプ		→ スエ 71 43
×	PC	不明	→ スユ 71 14	スユ71-Aタイプ		→ スユ 72 14	スユ72-Aタイプ		→ スエ 71 48
×	PC	不明	→ スユ 71 15	スユ71-Aタイプ		→ スユ 72 15	スユ72-Aタイプ		→ スエ 71 49
			■オユニ70						
×	PC	不明	→ オユニ 70 1	オユニ70-Aタイプ					
×	PC	不明	→ オユニ 70 2	オユニ70-Aタイプ					
×	PC	不明	→ オユニ 70 3	オユニ70-Aタイプ					
×	PC	不明	→ オユニ 70 4	オユニ70-Aタイプ					
×	PC	不明	→ オユニ 70 5	オユニ70-Aタイプ					→ オエ 70 62 ※4A
						■オユニ71			
×	PC	スロ 32 12	→ オハ 71 34	オハ71-Aタイプ		→ オユニ 71 1	オユニ71-Aタイプ		
×	PC	スハ 36 23	→ オハ 71 35	オハ71-Aタイプ		→ オユニ 71 2	オユニ71-Aタイプ		
×	PC	オロ 40 6	→ オハ 71 36	オハ71-Aタイプ		→ オユニ 71 3	オユニ71-Aタイプ		
×	PC	不明	→ オハ 71 46	オハ71-Bタイプ		→ オユニ 71 4	オユニ71-Aタイプ		→ スエ 71 33
×	PC	オイ 31 3	→ オハ 71 131	オハ71-Bタイプ		→ オユニ 71 5	オユニ71-Bタイプ		→ スエ 71 11
×	PC	スハフ 35 23	→ オハ 71 52	オハ71-Bタイプ		→ オユニ 71 6	オユニ71-Bタイプ		
×	PC	不明	→ オハ 71 53	オハ71-Aタイプ		→ オユニ 71 7	オユニ71-Aタイプ		
×	EC	モハ 40 005	→ オハ 71 128	オハ71-Bタイプ		→ オユニ 71 8	オユニ71-Bタイプ		
×	EC	モハ 60 041	→ オハ 71 129	オハ71-Bタイプ		→ オユニ 71 9	オユニ71-Bタイプ		
×	EC	モハ 60 109	→ オハ 71 130	オハ71-Bタイプ		→ オユニ 71 10	オユニ71-Bタイプ		
						■スユニ72			
×	PC	スハ 32	→ オハ 71 504	オハ71-Lタイプ		→ スユニ 72 1	スユニ72-Bタイプ		
×	PC	スハ 32 809	→ オハ 71 23	オハ71-AorBタイプ		→ スユニ 72 2	スユニ72-Aタイプ		
×	PC	不明	→ オハ 71 24	オハ71-AorBタイプ		→ スユニ 72 3	スユニ72-Aタイプ		
×	PC	スハ 32 139	→ オハ 71 25	オハ71-AorBタイプ		→ スユニ 72 4	スユニ72-Aタイプ		
×	PC	スロ 33 8	→ オハ 71 26	オハ71-Bタイプ		→ スユニ 72 5	スユニ72-Aタイプ		→ スエ 71 12
○	PC	オハフ 33	→ オハ 71 27	オハ71-Gタイプ		→ スユニ 72 6	スユニ72-Cタイプ		
×	PC	スハユ 30 6	→ オハ 71 28	オハ71-AorBタイプ		→ スユニ 72 7	スユニ72-Aタイプ		
×	PC	スハフ 32 176	→ オハ 71 29	オハ71-AorBタイプ		→ スユニ 72 8	スユニ72-Aタイプ		
×	PC	不明	→ オハ 71 30	オハ71-AorBタイプ		→ スユニ 72 9	スユニ72-Aタイプ		
×	PC	マユ 34 3	→ オハ 71 31	オハ71-AorBタイプ		→ スユニ 72 10	スユニ72-Aタイプ		
×	PC	オハ 35 439	→ オハ 71 40	オハ71-AorBタイプ		→ スユニ 72 11	スユニ72-Aタイプ		
×	PC	オハフ 33 204	→ オハ 71 41	オハ71-AorBタイプ		→ スユニ 72 12	スユニ72-Aタイプ		→ スエ 71 91
×	PC	スロ 33 7	→ オハ 71 42	オハ71-AorBタイプ		→ スユニ 72 13	スユニ72-Aタイプ		→ スエ 71 97
○	PC	スロハ 31 33	→ オハ 71 43	オハ71-Hタイプ		→ スユニ 72 14	スユニ72-Dタイプ		→ スエ 71 98
×	PC	スハ 36 65	→ オハ 71 45	オハ71-Bタイプ		→ スユニ 72 15	スユニ72-Aタイプ		
×	PC	オハフ 33 323	→ オハ 71 47	オハ71-AorBタイプ		→ スユニ 72 16	スユニ72-Aタイプ		
×	PC	スハ 32 258	→ オハ 71 49	オハ71-AorBタイプ		→ スユニ 72 17	スユニ72-Aタイプ		
×	PC	スハフ 32 202	→ オハ 71 50	オハ71-Bタイプ		→ スユニ 72 18	スユニ72-Aタイプ		
×	PC	オハ 34 120	→ オハ 71 56	オハ71-AorBタイプ		→ スユニ 72 19	スユニ72-Aタイプ		→ スエ 71 34
×	PC	オハ 35 379	→ オハ 71 57	オハ71-AorBタイプ		→ スユニ 72 20	スユニ72-Aタイプ		
×	PC	オハ 34 30	→ オハ 71 58	オハ71-AorBタイプ		→ スユニ 72 21	スユニ72-Aタイプ		→ スエ 71 35
×	PC	オハ 40 51	→ オハ 71 59	オハ71-AorBタイプ		→ スユニ 72 22	スユニ72-Aタイプ		
×	PC	不明	→ オハ 71 60	オハ71-Bタイプ		→ スユニ 72 23	スユニ72-Aタイプ		
×	PC	スハフ 32 227	→ オハ 71 62	オハ71-AorBタイプ		→ スユニ 72 24	スユニ72-Aタイプ		
×	PC	オハフ 33 191	→ オハ 71 65	オハ71-AorBタイプ		→ スユニ 72 25	スユニ72-Aタイプ		
×	PC	スハ 32 263	→ オハ 71 66	オハ71-AorBタイプ		→ スユニ 72 26	スユニ72-Aタイプ		
×	PC	オハ 35 536	→ オハ 71 67	オハ71-AorBタイプ		→ スユニ 72 27	スユニ72-Aタイプ		
×	PC	不明	→ オハ 71 68	オハ71-AorBタイプ		→ スユニ 72 28	スユニ72-Aタイプ		
×	PC	スハフ 32 96	→ オハ 71 69	オハ71-AorBタイプ		→ スユニ 72 29	スユニ72-Aタイプ		
×	PC	不明	→ オハ 71 84	オハ71-AorBタイプ		→ スユニ 72 30	スユニ72-Aタイプ		
○	PC	オハ 34 126	→ オハ 71 521	オハ71-Rタイプ		→ スユニ 72 31	スユニ72-Eタイプ		→ スエ 71 82
○	PC	オハ 35 548	→ オハ 71 522	オハ71-Qタイプ		→ スユニ 72 32	スユニ72-Fタイプ		
×	PC	スハニ 31 12	→ オハ 71 61	オハ71-AorBタイプ		→ スユニ 72 33	スユニ72-Aタイプ		
○	EC	クハ 55 070	→ オハ 71 11	オハ71-Dタイプ		→ スユニ 72 51	スユニ72-Gタイプ		→ スエ 71 19
○	EC	クハ 55 131	→ オハ 71 12	オハ71-Eタイプ		→ スユニ 72 52	スユニ72-Hタイプ		
○	EC	クハ 55 114	→ オハ 71 13	オハ71-Fタイプ		→ スユニ 72 53	スユニ72-Iタイプ		→ スエ 71 96
×	PC	オハ 35 299	→ オハ 71 90	オハ71-Aタイプ		→ スユニ 72 54	スユニ72-Aタイプ		→ スエ 71 29
×	PC	不明	→ オハ 71 92	オハ71-Aタイプ		→ スユニ 72 55	スユニ72-Aタイプ		
○	EC	モハ 60 030	→ オハフ 71 1	オハフ71-Aタイプ		→ スユニ 72 56	スユニ72-Jタイプ		
○	EC	クハ 55 083	→ オハフ 71 2	オハフ71-Bタイプ		→ スユニ 72 57	スユニ72-Kタイプ		

戦災前車体残存	車種	種車形式番号	形式番号	タイプ	形式番号	形式番号	タイプ	形式番号	形式番号
						■マユニ78			
×	PC	マハ 47 128	→ オハ 77 1	オハ77-AorBタイプ	→ オハ 78 1	→ マユニ 78 1	マユニ78-Aタイプ		→ スエ 78 4
×	PC	~~カニ 37 5~~	→ オハ 77 2	オハ77-Aタイプ	→ オハ 78 2	→ マユニ 78 2	マユニ78-Aタイプ		→ スエ 78 11
×	PC	マハ 47 13	→ オハ 77 12	オハ77-Bタイプ	→ オハ 78 12	→ マユニ 78 3	マユニ78-Aタイプ		→ スエ 78 12
×	PC	マハ 47 8	→ オハ 77 13	オハ77-AorBタイプ	→ オハ 78 13	→ マユニ 78 4	マユニ78-Aタイプ		
×	PC	マハ 47 176	→ オハ 77 14	オハ77-Aタイプ	→ オハ 78 14	→ マユニ 78 5	マユニ78-Aタイプ		
×	PC	マハ 47 108	→ オハ 77 18	オハ77-Bタイプ	→ オハ 78 18	→ マユニ 78 6	マユニ78-Aタイプ		
×	PC	マハ 47 55	→ オハ 77 20	オハ77-AorBタイプ	→ オハ 78 20	→ マユニ 78 7	マユニ78-Aタイプ		→ スエ 78 5
×	PC	マハ 47	→ オハ 77 21	オハ77-AorBタイプ	→ オハ 78 21	→ マユニ 78 8	マユニ78-Aタイプ		
×	PC	マハ 47 114	→ オハ 77 23	オハ77-AorBタイプ	→ オハ 78 23	→ マユニ 78 9	マユニ78-Aタイプ		→ スエ 78 6
×	PC	マハ 47 115	→ オハ 77 27	オハ77-AorBタイプ	→ オハ 78 26	→ マユニ 78 10	マユニ78-Aタイプ		→ スエ 78 7
×	PC	マハ 47 126	→ オハ 77 28	オハ77-AorBタイプ	→ オハ 78 27	→ マユニ 78 11	マユニ78-Aタイプ		→ スエ 78 13
×	PC	マハ 37 4	→ オハ 77 29	オハ77-Bタイプ	→ オハ 78 28	→ マユニ 78 12	マユニ78-Aタイプ		→ スエ 78 14
×	PC	~~カニ 37 1~~	→ オハ 77 9	オハ77-AorBタイプ	→ オハ 78 9	→ マユニ 78 13	マユニ78-Aタイプ		→ スエ 78 8
×	PC	不明	→ オハ 77 3	オハ77-AorBタイプ	→ オハ 78 3	→ マユニ 78 14	マユニ78-Aタイプ		
×	PC	マハ 47 106	→ オハ 77 11	オハ77-AorBタイプ	→ オハ 78 11	→ マユニ 78 15	マユニ78-Aタイプ		
○	PC	マハ 47 83	→ オハ 77 15	オハ77-Cタイプ	→ オハ 78 15	→ マユニ 78 16	マユニ78-Cタイプ		
×	PC	マハ 47 53	→ オハ 77 4	オハ77-Aタイプ	→ オハ 78 4	→ マユニ 78 17	マユニ78-Aタイプ		
×	PC	マハ 47 72	→ オハ 77 5	オハ77-AorBタイプ	→ オハ 78 5	→ マユニ 78 18	マユニ78-Aタイプ		
×	PC	マハ 47 73	→ オハ 77 6	オハ77-AorBタイプ	→ オハ 78 6	→ マユニ 78 19	マユニ78-Aタイプ		→ スエ 78 9
×	PC	マハ 47 74	→ オハ 77 7	オハ77-AorBタイプ	→ オハ 78 7	→ マユニ 78 20	マユニ78-Aタイプ		
×	PC	スハシ 49 21	→ オハ 77 8	オハ77-AorBタイプ	→ オハ 78 8	→ マユニ 78 21	マユニ78-Aタイプ		→ スエ 78 15 ※6
×	PC	スシ 38 5	→ オハ 77 10	オハ77-AorBタイプ	→ オハ 78 10	→ マユニ 78 22	マユニ78-Aタイプ		
×	PC	マハ 47 96	→ オハ 77 16	オハ77-AorBタイプ	→ オハ 78 16	→ マユニ 78 23	マユニ78-Aタイプ→Bタイプ		
×	PC	マハ 47 107	→ オハ 77 17	オハ77-AorBタイプ	→ オハ 78 17	→ マユニ 78 24	マユニ78-Aタイプ→Bタイプ		
×	PC	マハ 47 150	→ オハ 77 19	オハ77-Bタイプ	→ オハ 78 19	→ マユニ 78 25	マユニ78-Aタイプ→Bタイプ		
×	PC	マハ 47 61	→ オハ 77 25	オハ77-Bタイプ	→ オハ 78 24	→ マユニ 78 26	マユニ78-Bタイプ		
×	PC	スハシ 49 20	→ オハ 77 22	オハ77-AorBタイプ	→ オハ 78 22	→ マユニ 78 27	マユニ78-Bタイプ		
×	PC	マハ 47 193	→ オハ 77 26	オハ77-AorBタイプ	→ オハ 78 25	→ マユニ 78 28	マユニ78-Bタイプ		
×	PC	不明	→ オハ 77 30	オハ77-AorBタイプ	→ オハ 78 29	→ マユニ 78 29	マユニ78-Bタイプ		
			■オニ70						
○	PC	オハ 31 7	→ オニ 70 1	オニ70-Bタイプ					
○	PC	オハフ 30 57	→ オニ 70 2	オニ70-Cタイプ					→ オエ 70 30
×	PC	オロハ 30 36	→ オニ 70 3	オニ70-Aタイプ					→ オエ 70 1
未確認	PC	スニ 30 78	→ オニ 70 4	未確認					
×	PC	オロ 31 36	→ オニ 70 5	オニ70-Aタイプ					→ オエ 70 21
×	PC	オロ 31 38	→ オニ 70 6	オニ70-Aタイプ					→ オエ 70 8
×	PC	不明	→ オニ 70 7	オニ70-Aタイプ					→ オエ 70 24
×	EC	モハ 34 027	→ オニ 70 8	オニ70-Aタイプ					→ オエ 70 9
			■スニ71→マニ71						
○	EC	クハ 55 002	→ スニ 71 1	スニ71-Bタイプ	→ マニ 71 1				→ スエ 71 22
○	EC	クハ 55 003	→ スニ 71 2	スニ71-Bタイプ	→ マニ 71 2				
○	EC	クハ 55 018	→ スニ 71 3	スニ71-Bタイプ	→ マニ 71 3				→ スエ 71 23
○	EC	クハ 55 142	→ スニ 71 4	スニ71-Cタイプ	→ マニ 71 4				→ スエ 71 1
×	PC	不明	→ スニ 71 5	スニ71-Aタイプ	→ マニ 71 5	→ マニ 71 2005			
×	PC	不明	→ スニ 71 6	スニ71-Aタイプ	→ マニ 71 6	→ マニ 71 2006			
×	PC	不明	→ スニ 71 7	スニ71-Aタイプ	→ マニ 71 7	→ マニ 71 2007			
×	PC	不明	→ スニ 71 8	スニ71-Aタイプ	→ マニ 71 8	→ マニ 71 2008			→ スエ 71 36
×	PC	不明	→ スニ 71 9	スニ71-Aタイプ	→ マニ 71 9	→ マニ 71 2009			→ スエ 71 37
×	PC	スハフ 32 256	→ スニ 71 10	スニ71-Aタイプ	→ マニ 71 10	→ マニ 71 2010			
×	PC	不明	→ スニ 71 11	スニ71-Aタイプ	→ マニ 71 11				
×	PC	不明	→ スニ 71 12	スニ71-Aタイプ	→ マニ 71 12				→ スエ 71 45
×	PC	不明	→ スニ 71 13	スニ71-Aタイプ	→ マニ 71 13				→ スエ 71 57
×	PC	不明	→ スニ 71 14	スニ71-Aタイプ	→ マニ 71 14	→ マニ 71 2014			
×	PC	不明	→ スニ 71 15	スニ71-Aタイプ	→ マニ 71 15	→ マニ 71 2015			→ スエ 71 95
×	PC	不明	→ スニ 71 16	スニ71-Aタイプ	→ マニ 71 16	→ マニ 71 2016			
×	PC	不明	→ スニ 71 17	スニ71-Aタイプ	→ マニ 71 17	→ マニ 71 2017			
(45頁より)		→マニ 77 5	→ スニ 71 18	スニ71-Aタイプ	→ マニ 71 18	→ マニ 71 2018			
			■マニ72						
×	EC	サハ 78 031	→ マニ 72 1	マニ72-Aタイプ	→ マニ 72 2001				→ スエ 71 99
×	EC	サハ 78 032	→ マニ 72 2	マニ72-Aタイプ	→ マニ 72 2002				→ スエ 71 100
×	EC	サハ 78 019	→ マニ 72 3	マニ72-Aタイプ	→ マニ 72 2003				
×	EC	サハ 48 023	→ マニ 72 4	マニ72-Aタイプ	→ マニ 72 2004				→ スエ 71 101
×	EC	サハ 78 022	→ マニ 72 5	マニ72-Aタイプ					→ スエ 71 14
×	EC	モハ 60 013	→ マニ 72 6	マニ72-Aタイプ					→ スエ 71 5
×	EC	モハ 41 081	→ マニ 72 7	マニ72-Aタイプ					→ スエ 71 71
×	EC	モハ 40 060	→ マニ 72 8	マニ72-Aタイプ					
×	EC	モハ 41 039	→ マニ 72 9	マニ72-Aタイプ					
×	EC	モハ 41 037	→ マニ 72 10	マニ72-Aタイプ					
×	EC	モハ 40 043	→ マニ 72 11	マニ72-Aタイプ					
×	EC	モハ 40 032	→ マニ 72 12	マニ72-Aタイプ					
×	EC	モハ 60 046	→ マニ 72 13	マニ72-Aタイプ					
×	EC	モハ 60 086	→ マニ 72 14	マニ72-Aタイプ					
×	EC	クハ 55 059	→ マニ 72 15	マニ72-Aタイプ					→ スエ 71 6
×	EC	モハ 40 029	→ マニ 72 16	マニ72-Aタイプ					→ スエ 71 64
×	EC	モハ 60	→ マニ 72 17	マニ72-Aタイプ					→ スエ 71 65
×	EC	モハ 40	→ マニ 72 18	マニ72-Aタイプ					→ スエ 71 66
×	EC	モハ 41 057	→ マニ 72 19	マニ72-Aタイプ					
×	EC	モハユニ 44 005	→ マニ 72 20	マニ72-Aタイプ					
×	EC	クハ 58 012or013	→ マニ 72 21	マニ72-Aタイプ					スエ 71 72
×	EC	クハ 58 011	→ マニ 72 22	マニ72-Aタイプ					スエ 71 85
×	EC	モハ 43	→ マニ 72 23	マニ72-Aタイプ					スエ 71 73
×	EC	サハ 57 036or037	→ マニ 72 24	マニ72-Aタイプ					
×	EC	サハ 57 036or037	→ マニ 72 25	マニ72-Aタイプ					
						■スニ73			
未確認	EC	サハ 36 007	→ オハ 70 36	未確認		→ スニ 73 1	スニ73-Aタイプ		
×	EC	サハ 36 017	→ オハ 70 37	オハ70-Cタイプ		→ スニ 73 2	スニ73-Aタイプ		→ オエ 70 20
×	EC	クハ 65 106	→ オハ 70 72	オハ70-Cタイプ		→ スニ 73 3	スニ73-Aタイプ		→ オエ 70 2
×	EC	サハ 36 050	→ オハ 70 102	オハ70-Cタイプ		→ スニ 73 4	スニ73-Aタイプ		→ オエ 70 23
○	EC	モハ 30 096	→ オハ 70 83	オハ70-Pタイプ		→ スニ 73 5	スニ73-Bタイプ		→ オエ 70 11
○	EC	モハ 30 127	→ オハ 70 84	オハ70-Pタイプ		→ スニ 73 6	スニ73-Bタイプ		→ オエ 70 43
×	EC	クハ 65 196	→ オハ 70 106	オハ70-Cタイプ		→ スニ 73 7	スニ73-Aタイプ		→ オエ 70 40
×	EC	クハ 65	→ オハ 70 108	オハ70-Cタイプ		→ スニ 73 8	スニ73-Aタイプ		→ オエ 70 3
×	EC	サハ 39	→ オハ 70 109	オハ70-Cタイプ		→ スニ 73 9	スニ73-Aタイプ		→ オヤ 70 1
×	EC	サハ 39	→ オハ 70 110	オハ70-Cタイプ		→ スニ 73 10	スニ73-Aタイプ		→ オエ 70 4
×	EC	クハ 65 143	→ オハ 70 30	オハ70-Cタイプ		→ スニ 73 11	スニ73-Aタイプ		→ オエ 70 17
×	EC	クハ 65 128	→ オハ 70 31	オハ70-Cタイプ		→ スニ 73 12	スニ73-Aタイプ		→ オエ 70 16
×	EC	サハ 36 006	→ オハ 70 32	オハ70-Cタイプ		→ スニ 73 13	スニ73-Aタイプ		→ オエ 70 47
×	EC	サハ 36 020	→ オハ 70 33	オハ70-Cタイプ		→ スニ 73 14	スニ73-Aタイプ		→ オエ 70 58
×	EC	サハ 36 015	→ オハ 70 34	オハ70-Cタイプ		→ スニ 73 15	スニ73-Aタイプ		

戦災前車体残存	車種	種車形式番号	形式番号	タイプ	形式番号	形式番号	タイプ	形式番号	形式番号	
×	EC	サハ 39 015	→ オハ 70 64	オハ70-Cタイプ		→ スニ 73 16	スニ73-Aタイプ			
×	EC	サハ 39 012	→ オハ 70 65	オハ70-Cタイプ		→ スニ 73 17	スニ73-Aタイプ		→ オエ 70 10	
×	EC	サハ 39 029	→ オハ 70 66	オハ70-Cタイプ		→ スニ 73 18	スニ73-Aタイプ		→ オエ 70 26	
×	EC	モハ 31 012	→ オハ 70 67	オハ70-Cタイプ		→ スニ 73 19	スニ73-Aタイプ		→ オエ 70 48	
×	EC	モハ 50 042	→ オハ 70 68	オハ70-Cタイプ		→ スニ 73 20	スニ73-Aタイプ		→ オエ 70 28	
×	EC	クハ 65 069	→ オハ 70 69	オハ70-Cタイプ		→ スニ 73 21	スニ73-Aタイプ		→ オエ 70 38	※2
×	EC	モハ 30 017	→ オハ 70 70	オハ70-Cタイプ		→ スニ 73 22	スニ73-Aタイプ			
×	EC	モハ 30 079	→ オハ 70 71	オハ70-Cタイプ		→ スニ 73 23	スニ73-Aタイプ		→ オエ 70 63	
×	EC	不明	→ オハ 70 101	オハ70-Cタイプ		→ スニ 73 24	スニ73-Aタイプ		→ オエ 70 6	
○	EC	モハ 31 053	→ オハ 70 111	オハ70-Pタイプ		→ スニ 73 25	スニ73-Bタイプ		→ オエ 70 5	
×	EC	サハ 36 005	→ オハ 70 35	オハ70-Cタイプ		→ スニ 73 26	スニ73-Aタイプ			
×	EC	クハ 65 125	→ オハ 70 46	オハ70-Cタイプ		→ スニ 73 27	スニ73-Aタイプ		→ オエ 70 49	
×	EC	サハ 39 004	→ オハ 70 47	オハ70-Cタイプ		→ スニ 73 28	スニ73-Aタイプ			
×	EC	モハ 30 064	→ オハ 70 73	オハ70-Cタイプ		→ スニ 73 29	スニ73-Aタイプ		→ オエ 70 37	
×	EC	モハ 30 184	→ オハ 70 103	オハ70-Cタイプ		→ スニ 73 30	スニ73-Aタイプ			
×	EC	サハ 75	→ オハ 70 104	オハ70-Cタイプ		→ スニ 73 31	スニ73-Aタイプ		→ オエ 70 15	
×	EC	モハ 30 069	→ オハ 70 105	オハ70-Cタイプ		→ スニ 73 32	スニ73-Aタイプ			
○	EC	モハ 30 071	→ オハ 70 87	オハ70-Pタイプ		→ スニ 73 33	スニ73-Bタイプ		→ オエ 70 46	
×	EC	クハ 65 032	→ オハ 70 107	オハ70-Cタイプ		→ スニ 73 34	スニ73-Aタイプ		→ オエ 70 59	
						■マニ74				
×	EC	サハ 57 002	→ オハ 71 107	オハ71-Cタイプ		→ マニ 74 1	マニ74-Dタイプ			
×	EC	モハ 60 063	→ オハ 71 108	オハ71-Cタイプ		→ マニ 74 2	マニ74-Dタイプ		→ スエ 71 2	
×	EC	サハ 48 011	→ オハ 71 112	オハ71-Cタイプ		→ マニ 74 3	マニ74-Dタイプ		→ スエ 71 4	
×	EC	クハ 55 019	→ オハ 71 113	オハ71-Cタイプ		→ マニ 74 4	マニ74-Dタイプ		→ スエ 71 16	
×	EC	サハ 57 050	→ オハ 71 114	オハ71-Cタイプ		→ マニ 74 5	マニ74-Dタイプ			
×	EC	クハ 55 138	→ オハ 71 116	オハ71-Cタイプ		→ マニ 74 6	マニ74-Dタイプ			
×	EC	モハ 60 042	→ オハ 71 117	オハ71-Cタイプ		→ マニ 74 7	マニ74-Dタイプ			
×	EC	クハ 55 135 orモハ 60 042	→ オハ 71 118	オハ71-Cタイプ		→ マニ 74 8	マニ74-Dタイプ			
×	EC	クハ 79 009	→ オハ 71 123	オハ71-Cタイプ		→ マニ 74 9	マニ74-Dタイプ			
○	EC	モハ 60 064	→ オハ 71 124	オハ71-Kタイプ		→ マニ 74 10	マニ74-Eタイプ		→ スエ 71 59	
×	EC	サハ 78 013or014	→ オハ 71 125	オハ71-Cタイプ		→ マニ 74 11	マニ74-Dタイプ		→ スエ 71 83	
×	EC	クハ 55 066	→ オハ 71 126	オハ71-Bタイプ		→ マニ 74 12	マニ74-Bタイプ		→ スエ 71 56	
×	EC	モハ 60 103	→ オハ 71 127	オハ71-Bタイプ		→ マニ 74 13	マニ74-Bタイプ		→ スエ 71 88	
×	EC	クハニ 67 008	→ オハ 71 106	オハ71-Cタイプ		→ マニ 74 14	マニ74-Cタイプ			
×	PC	スハニ 33 8	→ オハ 71 16	オハ71-Aタイプ		→ マニ 74 50	マニ74-Aタイプ			
×	PC	スハ 36 2	→ オハ 71 17	オハ71-Aタイプ		→ マニ 74 51	マニ74-Aタイプ		→ スエ 71 86	
×	PC	オハ 35 195	→ オハ 71 20	オハ71-Aタイプ		→ マニ 74 52	マニ74-Aタイプ		→ スエ 71 74	
×	PC	不明	→ オハ 71 32	オハ71-Aタイプ		→ マニ 74 53	マニ74-Aタイプ		→ スエ 71 75	
×	PC	スロハ 32 9	→ オハ 71 33	オハ71-Aタイプ		→ マニ 74 54	マニ74-Aタイプ			
×	PC	スハ 36 92	→ オハ 71 1	オハ71-Aタイプ		→ マニ 74 55	マニ74-Aタイプ		→ スエ 71 102	
×	PC	スハ 32	→ オハ 71 2	オハ71-Aタイプ		→ マニ 74 56	マニ74-Aタイプ		→ スエ 71 28	
×	PC	不明	→ オハ 71 3	オハ71-Aタイプ		→ マニ 74 57	マニ74-Aタイプ		→ スエ 71 27	
×	PC	オハ 35 523	→ オハ 71 4	オハ71-Aタイプ		→ マニ 74 58	マニ74-Aタイプ		→ スエ 71 38	
×	PC	オハフ 33 198	→ オハ 71 5	オハ71-Aタイプ		→ マニ 74 59	マニ74-Aタイプ		→ スエ 71 39	
×	PC	スハ 32 502	→ オハ 71 6	オハ71-Aタイプ		→ マニ 74 60	マニ74-Aタイプ		→ スエ 71 76	
×	PC	スハフ 35 1	→ オハ 71 7	オハ71-Aタイプ		→ マニ 74 61	マニ74-Aタイプ		→ スエ 71 77	
×	PC	スハ 36 43	→ オハ 71 8	オハ71-Aタイプ		→ マニ 74 62	マニ74-Aタイプ		→ スエ 71 78	
×	PC	オロフ 32 10	→ オハ 71 9	オハ71-Aタイプ		→ マニ 74 63	マニ74-Aタイプ		→ オル 71 101	
×	PC	オハ 35 253	→ オハ 71 10	オハ71-Aタイプ		→ マニ 74 64	マニ74-Aタイプ			
×	PC	スハ 32 114	→ オハ 71 14	オハ71-Aタイプ		→ マニ 74 65	マニ74-Aタイプ		→ スエ 71 15	
×	PC	オロ 35 39	→ オハ 71 15	オハ71-Aタイプ		→ マニ 74 66	マニ74-Aタイプ		→ スエ 71 84	
×	PC	スハフ 32 233	→ オハ 71 18	オハ71-Aタイプ		→ マニ 74 67	マニ74-Aタイプ		→ スエ 71 79	
×	PC	スハ 32 478	→ オハ 71 19	オハ71-Aタイプ		→ マニ 74 68	マニ74-Aタイプ			
×	PC	不明	→ オハ 71 21	オハ71-Aタイプ		→ マニ 74 69	マニ74-Aタイプ		→ スエ 71 17	
×	PC	スハ 32 296	→ オハ 71 22	オハ71-Bタイプ		→ マニ 74 70	マニ74-Bタイプ		→ スエ 71 69	
×	PC	不明	→ オハ 71 37	オハ71-Bタイプ		→ マニ 74 71	マニ74-Bタイプ		→ スエ 71 30	
×	PC	不明	→ オハ 71 38	オハ71-Aタイプ		→ マニ 74 72	マニ74-Aタイプ		→ スエ 71 44	
×	PC	スハフ 32 227	→ オハ 71 39	オハ71-Bタイプ		→ マニ 74 73	マニ74-Bタイプ			
×	PC	スロハ 31 27	→ オハ 71 44	オハ71-Bタイプ		→ マニ 74 74	マニ74-Bタイプ			
×	PC	スハニ 32 40	→ オハ 71 64	オハ71-Bタイプ		→ マニ 74 75	マニ74-Bタイプ		→ スエ 71 67	※5A
×	PC	オハ 35 85or141	→ オハ 71 48	オハ71-Bタイプ		→ マニ 74 76	マニ74-Bタイプ		→ オル 71 102	
×	PC	スハ 32 449	→ オハ 71 54	オハ71-Bタイプ		→ マニ 74 77	マニ74-Bタイプ		→ オル 71 103	
×	PC	スハ 32 556	→ オハ 71 86	オハ71-Bタイプ		→ マニ 74 78	マニ74-Bタイプ			
×	PC	不明	→ オハ 71 87	オハ71-Bタイプ		→ マニ 74 79	マニ74-Bタイプ	→ マニ 74 2079		
×	PC	スロハフ 30 3	→ オハ 71 99	オハ71-Aタイプ		→ マニ 74 80	マニ74-Aタイプ		→ スエ 71 103	
×	PC	オハ 35 465	→ オハ 71 102	オハ71-Bタイプ		→ マニ 74 81	マニ74-Bタイプ	→ マニ 74 2081		
						■スニ75				
×	PC	オハ 31 45	→ オハ 70 1	オハ70-Aタイプ		→ スニ 75 1	スニ75-Cタイプ		→ オエ 70 29	
×	PC	オハ 31 471	→ オハ 70 2	オハ70-Aタイプ		→ スニ 75 2	スニ75-Cタイプ			
×	PC	オハ 31 140	→ オハ 70 3	オハ70-Aタイプ		→ スニ 75 3	スニ75-Cタイプ			
×	PC	オハ 31 473	→ オハ 70 4	オハ70-Aタイプ		→ スニ 75 4	スニ75-Cタイプ	※1		
○	PC	オハ 31 132	→ オハ 70 5	オハ70-Dタイプ		→ スニ 75 5	スニ75-Eタイプ			
○	PC	スニ 30 78	→ オハ 70 6	オハ70-Eタイプ		→ スニ 75 6	スニ75-Fタイプ			
○	PC	オハ 31 345	→ オハ 70 7	オハ70-Fタイプ		→ スニ 75 7	スニ75-Gタイプ			
○	PC	オハ 31 396	→ オハ 70 8	オハ70-Gタイプ		→ スニ 75 8	スニ75-Hタイプ		→ オエ 70 33	
○	PC	オハ 31 312	→ オハ 70 9	オハ70-Hタイプ		→ スニ 75 9	スニ75-Iタイプ			
○	PC	オロハ 30 18	→ オハ 70 10	オハ70-Iタイプ		→ スニ 75 10	スニ75-Jタイプ		→ オエ 70 45	
○	PC	オハ 31	→ オハ 70 11	オハ70-Jタイプ		→ スニ 75 11	スニ75-Kタイプ		→ オエ 70 18	
×	PC	オハ 31 11	→ オハ 70 12	オハ70-Aタイプ		→ スニ 75 12	スニ75-Cタイプ			
×	PC	オハ 31 12	→ オハ 70 13	オハ70-Aタイプ		→ スニ 75 13	スニ75-Cタイプ		→ オエ 70 50	
×	PC	オロ 31 96	→ オハ 70 14	オハ70-Bタイプ		→ スニ 75 14	スニ75-Dタイプ			
×	PC	オロ 31 73	→ オハ 70 15	オハ70-Aタイプ		→ スニ 75 15	スニ75-Aタイプ			
×	PC	オハフ 30 14	→ オハ 70 16	オハ70-Aタイプ		→ スニ 75 16	スニ75-Aタイプ		→ オエ 70 54	
×	PC	スニ 30 42	→ オハ 70 17	オハ70-Bタイプ		→ スニ 75 17	スニ75-Bタイプ		→ オエ 70 42	
○	PC	オハ 31 4	→ オハ 70 18	オハ70-Kタイプ		→ スニ 75 18	スニ75-Lタイプ		→ オエ 70 41	
×	PC	不明	→ オハ 70 19	オハ70-Bタイプ		→ スニ 75 19	スニ75-Bタイプ			
×	PC	不明	→ オハ 70 20	オハ70-Bタイプ		→ スニ 75 20	スニ75-Bタイプ		→ オエ 70 25	
×	PC	不明	→ オハ 70 21	オハ70-Bタイプ		→ スニ 75 21	スニ75-Dタイプ		→ オエ 70 19	
×	PC	不明	→ オハ 70 22	オハ70-Bタイプ		→ スニ 75 22	スニ75-Mタイプ			
×	PC	不明	→ オハ 70 23	オハ70-Bタイプ		→ スニ 75 23	スニ75-Bタイプ		→ オエ 70 22	
×	PC	スニ 30 69	→ オハ 70 24	オハ70-Bタイプ		→ スニ 75 24	スニ75-Bタイプ		→ オエ 70 39	
×	PC	オハ 31 286	→ オハ 70 25	オハ70-Bタイプ		→ スニ 75 25	スニ75-Bタイプ		→ オエ 70 31	
×	PC	スニ 30 18	→ オハ 70 26	オハ70-Aタイプ		→ スニ 75 26	スニ75-Aタイプ		→ オエ 70 27	※3B
×	PC	オロ 31 73	→ オハ 70 27	オハ70-Bタイプ		→ スニ 75 27	スニ75-Bタイプ		→ オエ 70 35	
×	PC	不明	→ オハ 70 28	オハ70-Aタイプ		→ スニ 75 28	スニ75-Aタイプ			
×	PC	不明	→ オハ 70 29	オハ70-Aタイプ		→ スニ 75 29	スニ75-Aタイプ		→ オエ 70 13	
×	PC	オハニ 30 47	→ オハ 70 38	オハ70-Bタイプ		→ スニ 75 30	スニ75-Bタイプ			
×	PC	オハ 31 501	→ オハ 70 39	オハ70-Bタイプ		→ スニ 75 31	スニ75-Bタイプ			
×	PC	不明	→ オハ 70 40	オハ70-Bタイプ		→ スニ 75 32	スニ75-Bタイプ	→ スニ 75 2032		

戦災前車体残存	車種	種車形式番号	形式番号	タイプ	形式番号	形式番号	タイプ	形式番号	形式番号	
○	PC	不明	→ オハ 70 41	オハ70-Bタイプ		→ スニ 75 33	スニ75-Bタイプ	→ スニ 75 2033		
×	PC	不明	→ オハ 70 42	オハ70-Bタイプ		→ スニ 75 34	スニ75-Bタイプ	→ スニ 75 2034		
×	PC	不明	→ オハ 70 44	オハ70-Bタイプ		→ スニ 75 36	スニ75-Dタイプ			
○	PC	オハ 31 391	→ オハ 70 48	オハ70-Mタイプ		→ スニ 75 38	スニ75-Nタイプ			
×	EC	クハ 38 002	→ オハ 70 49	オハ70-Bタイプ		→ スニ 75 39	スニ75-Dタイプ	→ スニ 75 2039		
×	PC	不明	→ オハ 70 50	オハ70-Bタイプ		→ スニ 75 40	スニ75-Dタイプ	→ スニ 75 2040		
×	PC	オハ 31 479	→ オハ 70 51	オハ70-Bタイプ		→ スニ 75 41	スニ75-Dタイプ			
×	PC	オロ 31 72	→ オハ 70 56	オハ70-Bタイプ		→ スニ 75 46	スニ75-Bタイプ		→ オエ 70 14	
×	PC	オハ 31 350	→ オハ 70 57	オハ70-Bタイプ		→ スニ 75 47	スニ75-Bタイプ			
×	PC	オハ 31 20	→ オハ 70 58	オハ70-Bタイプ		→ スニ 75 48	スニ75-Bタイプ	※3A		
×	PC	スニ 30 108	→ オハ 70 59	オハ70-Bタイプ		→ スニ 75 49	スニ75-Bタイプ		→ オエ 70 51	
×	PC	不明	→ オハ 70 60	オハ70-Bタイプ		→ スニ 75 50	スニ75-Bタイプ			
×	PC	オハニ 30 11	→ オハ 70 61	オハ70-Bタイプ		→ スニ 75 51	スニ75-Bタイプ			
×	PC	オロ 31 20	→ オハ 70 62	オハ70-Bタイプ		→ スニ 75 52	スニ75-Bタイプ			
×	PC	スニ 30 23	→ オハ 70 74	オハ70-Bタイプ		→ スニ 75 53	スニ75-Bタイプ		→ オエ 70 32	
×	PC	スニ 30 34	→ オハ 70 75	オハ70-Bタイプ		→ スニ 75 54	スニ75-Bタイプ			
×	PC	スユ 30 18	→ オハ 70 76	オハ70-Bタイプ		→ スニ 75 55	スニ75-Bタイプ		→ オエ 70 34	
×	PC	オハ 31 405	→ オハ 70 77	オハ70-Bタイプ		→ スニ 75 56	スニ75-Bタイプ			
×	PC	オハ 31 114	→ オハ 70 78	オハ70-Bタイプ		→ スニ 75 57	スニ75-Bタイプ			
○	PC	オハ 31 398	→ オハ 70 79	オハ70-Nタイプ		→ スニ 75 58	スニ75-Oタイプ	→ スニ 75 2058		
○	PC	オロ 31 135	→ オハ 70 80	オハ70-Oタイプ		→ スニ 75 59	スニ75-Pタイプ	→ スニ 75 2059		
×	PC	オロ 31 77	→ オハ 70 85	オハ70-Bタイプ		→ スニ 75 62	スニ75-Bタイプ			
×	PC	オハニ 30 30	→ オハ 70 86	オハ70-Bタイプ		→ スニ 75 63	スニ75-Bタイプ			
×	EC	不明	→ オハ 70 100	オハ70-Bタイプ		→ スニ 75 76	スニ75-Bタイプ		→	
×	PC	オハ 31 263	→ オハ 70 112	オハ70-Bタイプ		→ スニ 75 77	スニ75-Dタイプ		→ オエ 70 60	
×	PC	オハ 31 220	→ オハ 70 114	オハ70-Bタイプ		→ スニ 75 79	スニ75-Bタイプ		→ オエ 70 44	
×	EC	クハ 38 003	→ オハ 70 45	オハ70-Bタイプ		→ スニ 75 91	スニ75-Dタイプ		→ オエ 70 36	
×	EC	モハ 31 104	→ オハ 70 93	オハ70-Bタイプ		→ スニ 75 92	スニ75-Bタイプ			
×	EC	モハ 30 097	→ オハ 70 94	オハ70-Bタイプ		→ スニ 75 93	スニ75-Bタイプ	→ スニ 75 2093		
×	EC	モハ 30 041	→ オハ 70 95	オハ70-Bタイプ		→ スニ 75 94	スニ75-Bタイプ	→ スニ 75 2094		
×	EC	モハ 50 108	→ オハ 70 82	オハ70-Bタイプ		→ スニ 75 95	スニ75-Bタイプ	→ スニ 75 2095		
×	EC	サハ 75 015	→ オハ 70 88	オハ70-Bタイプ		→ スニ 75 96	スニ75-Bタイプ		→ オエ 70 12	
×	EC	モハ 31 014	→ オハ 70 89	オハ70-Bタイプ		→ スニ 75 97	スニ75-Bタイプ			
×	EC	クハ 65 178	→ オハ 70 92	オハ70-Bタイプ		→ スニ 75 98	スニ75-Bタイプ			
×	EC	モハ 31 093	→ オハ 70 99	オハ70-Bタイプ		→ スニ 75 99	スニ75-Bタイプ			
×	EC	サハ 36 021	→ オハ 70 97	オハ70-Bタイプ		→ スニ 75 100	スニ75-Bタイプ	→ スニ 75 2100		
×	EC	サハ 36 014	→ オハ 70 53	オハ70-Bタイプ		→ スニ 75 101	スニ75-Bタイプ		→ オエ 70 52	※4B
×	EC	サハ 36 012	→ オハ 70 96	オハ70-Bタイプ		→ スニ 75 102	スニ75-Bタイプ			
×	EC	クハ 36 015	→ オハ 70 54	オハ70-Bタイプ		→ スニ 75 103	スニ75-Bタイプ			
×	EC	クハ 65 082	→ オハ 70 55	オハ70-Bタイプ		→ スニ 75 104	スニ75-Bタイプ		→ オエ 70 53	
×	EC	クハ 65 103	→ オハ 70 113	オハ70-Bタイプ		→ スニ 75 105	スニ75-Bタイプ	→ スニ 75 2105		
×	EC	サハ 39 031	→ オハ 70 90	オハ70-Bタイプ		→ スニ 75 106	スニ75-Bタイプ		→ オエ 70 55	
×	EC	クハ 65 118	→ オハ 70 91	オハ70-Bタイプ		→ スニ 75 107	スニ75-Bタイプ		→ オエ 70 56	
×	EC	クハ 38 008	→ オハ 70 52	オハ70-Bタイプ		→ スニ 75 108	スニ75-Bタイプ		→ オエ 70 7	
×	PC	モハ 30 038	→ オハ 70 81	オハ70-Bタイプ		→ スニ 75 109	スニ75-Bタイプ		→ オエ 70 61	
×	EC	サハ 39 034	→ オハ 70 98	オハ70-Bタイプ		→ スニ 75 110	スニ75-Dタイプ		→ オエ 70 57	
○	PC	オハ 31 400	→ オハ 70 43	オハ70-Lタイプ		→ スニ 75 111	スニ75-Qタイプ	→ スニ 75 151	→ スニ 75 2151	
						■マニ 76				
×	PC	オハ 35 212or389	→ オハ 71 70	オハ71-Bタイプ		→ マニ 76 1	マニ76-Bタイプ	→ マニ 76 2001		
×	PC	オハ 35 392	→ オハ 71 71	オハ71-Bタイプ		→ マニ 76 2	マニ76-Bタイプ		→ スエ 71 61	
×	PC	オハ 35 58	→ オハ 71 72	オハ71-Bタイプ		→ マニ 76 3	マニ76-Bタイプ			
×	PC	オハフ 33 124	→ オハ 71 73	オハ71-Bタイプ		→ マニ 76 4	マニ76-Bタイプ		→ スエ 71 46	
×	PC	スハニ 31 34	→ オハ 71 74	オハ71-Bタイプ		→ マニ 76 5	マニ76-Bタイプ		→ スエ 71 92	
×	PC	不明	→ オハ 71 75	オハ71-Aタイプ		→ マニ 76 6	マニ76-Cタイプ			
×	PC	不明	→ オハ 71 76	オハ71-Aタイプ		→ マニ 76 7	マニ76-Cタイプ		→ スエ 71 31	
×	PC	不明	→ オハ 71 77	オハ71-Aタイプ		→ マニ 76 8	マニ76-Aタイプ		→ スエ 71 58	
×	PC	不明	→ オハ 71 78	オハ71-AorBタイプ		→ マニ 76 9	マニ76-AorBタイプ			
×	PC	不明	→ オハ 71 79	オハ71-Aタイプ		→ マニ 76 10	マニ76-Cタイプ		→ スエ 71 68	※5B
×	PC	不明	→ オハ 71 80	オハ71-Aタイプ		→ マニ 76 11	マニ76-Cタイプ		→ スエ 71 87	
×	PC	不明	→ オハ 71 81	オハ71-Aタイプ		→ マニ 76 12	マニ76-Cタイプ			
×	PC	スハ 32 301	→ オハ 71 82	オハ71-Aタイプ		→ マニ 76 13	マニ76-Cタイプ			
×	PC	不明	→ オハ 71 83	オハ71-Aタイプ		→ マニ 76 14	マニ76-Aタイプ		→ スエ 71 80	
×	PC	オロ 40 23	→ オハ 71 51	オハ71-Aタイプ		→ マニ 76 15	マニ76-Aタイプ		→ スエ 71 81	
×	PC	スハ 32 282	→ オハ 71 85	オハ71-Aタイプ		→ マニ 76 16	マニ76-Aタイプ	→ マニ 76 2016		
×	PC	オハ 35 212	→ オハ 71 88	オハ71-Bタイプ		→ マニ 76 17	マニ76-Bタイプ			
×	PC	スハフ 32 110	→ オハ 71 89	オハ71-Bタイプ		→ マニ 76 18	マニ76-Bタイプ			
×	PC	オハ 34 78	→ オハ 71 55	オハ71-Bタイプ		→ マニ 76 19	マニ76-Bタイプ			
×	PC	スハ 32 282	→ オハ 71 91	オハ71-Aタイプ		→ マニ 76 20	マニ76-Aタイプ		→ スエ 71 40	
×	PC	スハ 32 629	→ オハ 71 63	オハ71-Aタイプ		→ マニ 76 21	マニ76-Aタイプ			
×	PC	不明	→ オハ 71 93	オハ71-Aタイプ		→ マニ 76 22	マニ76-Aタイプ			
×	PC	オハ 35 492	→ オハ 71 94	オハ71-Aタイプ		→ マニ 76 23	マニ76-Aタイプ		→ スエ 71 3	
×	PC	オハ 35 524	→ オハ 71 95	オハ71-Aタイプ		→ マニ 76 24	マニ76-Cタイプ		→ スエ 71 89	
×	PC	スハ 32	→ オハ 71 96	オハ71-Bタイプ		→ マニ 76 25	マニ76-Bタイプ			
×	PC	オハ 35 533	→ オハ 71 97	オハ71-Bタイプ		→ マニ 76 26	マニ76-Bタイプ			
×	PC	オハ 40 46	→ オハ 71 98	オハ71-Bタイプ		→ マニ 76 27	マニ76-Bタイプ			
×	PC	スハ 32 444	→ オハ 71 100	オハ71-Bタイプ		→ マニ 76 28	マニ76-Bタイプ		→ スエ 71 7	
×	PC	オハフ 33 94	→ オハ 71 101	オハ71-Bタイプ		→ マニ 76 29	マニ76-Bタイプ	→ マニ 76 2029		
×	PC	スイネ 30 14	→ オハ 71 103	オハ71-Bタイプ		→ マニ 76 30	マニ76-Bタイプ	→ マニ 76 2030	→ スエ 71 94	
×	PC	~~スハフ 32 291~~	→ オハ 71 104	オハ71-Bタイプ		→ マニ 76 31	マニ76-Bタイプ	→ マニ 76 2031		
×	PC	オロ 40 48	→ オハ 71 105	オハ71-Bタイプ		→ マニ 76 32	マニ76-Bタイプ	→ マニ 76 2032		
○	PC	スハ 32 468	→ オハ 71 109	オハ71-Iタイプ		→ マニ 76 33	マニ76-Dタイプ		→ スエ 71 90	
×	PC	スハ 32	→ オハ 71 110	オハ71-Bタイプ		→ マニ 76 34	マニ76-Bタイプ		→ スエ 71 20	
×	PC	スハフ 32	→ オハ 71 111	オハ71-Bタイプ		→ マニ 76 35	マニ76-Bタイプ		→ スエ 71 93	
×	PC	スハ 32	→ オハ 71 115	オハ71-Bタイプ		→ マニ 76 36	マニ76-Bタイプ			
○	PC	スロハ 31 44	→ オハ 71 119	オハ71-Jタイプ		→ マニ 76 37	マニ76-Eタイプ	→ マニ 76 2037		
×	EC	モハ 42 003	→ オハ 71 133	オハ71-Bタイプ		→ マニ 76 41	マニ76-Bタイプ			
未確認	EC	モハ 41 093	→ オハ 71 122	未確認		→ マニ 76 91	未確認			
×	EC	モハ 41 094	→ オハ 71 120	オハ71-Bタイプ		→ マニ 76 92	マニ76 Bタイプ			
×	EC	モハ 41 100	→ オハ 71 121	オハ71-Bタイプ		→ マニ 76 93	マニ76-Bタイプ	→ マニ 76 2093		
			■マニ77→マニ78							
×	PC	マハ 47 6	→ マニ 77 1	マニ77-Aタイプ	→ マニ 78 1				→ スエ 78 1	
×	PC	マハ 47 175	→ マニ 77 2	マニ77-Aタイプ	→ マニ 78 2					
×	PC	マハ 47 70	→ マニ 77 3	マニ77-Aタイプ	→ マニ 78 3				→ スエ 78 2	
×	PC	マハ 47 91	→ マニ 77 4	マニ77-Aタイプ	→ マニ 78 4				→ スエ 78 3	
	EC	クハ 55	→ マニ 77 5	未確認					→ マニ 71 18	
×	PC	マハ 47 125	→ マニ 77 6	マニ77-Aタイプ	→ マニ 78 5				→ スエ 78 10	
								■オヤ70		
×	EC	サハ 39	→ オハ 70 109	オハ70-Cタイプ		→ スニ 73 9	スニ73-Aタイプ	→ オヤ 70 1		
			■スヤ71							
○	EC	クハ 55 069	→ スヤ 71 1	スヤ71-Aタイプ						

戦災前車体残存	車種	種車形式番号	形式番号	タイプ	形式番号	形式番号	タイプ	形式番号	形式番号	
								■オル71		
×	PC	オロフ 32 10	→ オハ 71 9	オハ71-Aタイプ		→ マニ 74 63	マニ74-Aタイプ	→ オル 71 101		
×	PC	オハ 35 85or141	→ オハ 71 48	オハ71-Bタイプ		→ マニ 74 76	マニ74-Bタイプ	→ オル 71 102		
×	PC	スハ 32 449	→ オハ 71 54	オハ71-Bタイプ		→ マニ 74 77	マニ74-Bタイプ	→ オル 71 103		
○	PC	オハ 35	→ オハ 71 516	オハ71-Oタイプ		→ オハユニ 71 16	オハユニ71-Eタイプ	→ オル 71 104	→ スエ 71 13	
									■オエ70	
×	PC	オロハ 30 36	→ オニ 70 3	オニ70-Aタイプ					→ オエ 70 1	
×	EC	クハ 65 106	→ オハ 70 72	オハ70-Cタイプ		→ スニ 73 3	スニ73-Aタイプ		→ オエ 70 2	
×	EC	クハ 65	→ オハ 70 108	オハ70-Cタイプ		→ スニ 73 8	スニ73-Aタイプ		→ オエ 70 3	
×	EC	サハ 39	→ オハ 70 110	オハ70-Cタイプ		→ スニ 73 10	スニ73-Aタイプ		→ オエ 70 4	
○	EC	モハ 31 053	→ オハ 70 111	オハ70-Pタイプ		→ スニ 73 25	スニ73-Bタイプ		→ オエ 70 5	
×	EC	不明	→ オハ 70 101	オハ70-Cタイプ		→ スニ 73 24	スニ73-Aタイプ		→ オエ 70 6	
×	EC	クハ 38 008	→ オハ 70 52	オハ70-Bタイプ		→ スニ 75 108	スニ75-Bタイプ		→ オエ 70 7	
×	PC	オロ 31 38	→ オニ 70 6	オニ70-Aタイプ					→ オエ 70 8	
×	EC	モハ 34 027	→ オニ 70 8	オニ70-Aタイプ					→ オエ 70 9	
×	EC	サハ 39 012	→ オハ 70 65	オハ70-Cタイプ		→ スニ 73 17	スニ73-Aタイプ		→ オエ 70 10	
○	EC	モハ 30 096	→ オハ 70 83	オハ70-Pタイプ		→ スニ 73 5	スニ73-Bタイプ		→ オエ 70 11	
×	EC	サハ 75 015	→ オハ 70 88	オハ70-Bタイプ		→ スニ 75 96	スニ75-Bタイプ		→ オエ 70 12	
×	PC	不明	→ オハ 70 29	オハ70-Aタイプ		→ スニ 75 29	スニ75-Aタイプ		→ オエ 70 13	
×	PC	オロ 31 72	→ オハ 70 56	オハ70-Bタイプ		→ スニ 75 46	スニ75-Bタイプ		→ オエ 70 14	
×	EC	サハ 75	→ オハ 70 104	オハ70-Cタイプ		→ スニ 73 31	スニ73-Aタイプ		→ オエ 70 15	
×	EC	クハ 65 128	→ オハ 70 31	オハ70-Cタイプ		→ スニ 73 12	スニ73-Aタイプ		→ オエ 70 16	
×	EC	クハ 65 143	→ オハ 70 30	オハ70-Cタイプ		→ スニ 73 11	スニ73-Aタイプ		→ オエ 70 17	
○	PC	オハ 31	→ オハ 70 11	オハ70-Jタイプ		→ スニ 75 11	スニ75-Kタイプ		→ オエ 70 18	
×	PC	不明	→ オハ 70 21	オハ70-Bタイプ		→ スニ 75 21	スニ75-Dタイプ		→ オエ 70 19	
×	EC	サハ 36 017	→ オハ 70 37	オハ70-Cタイプ		→ スニ 73 2	スニ73-Aタイプ		→ オエ 70 20	
×	PC	オロ 31 36	→ オニ 70 5	オニ70-Aタイプ					→ オエ 70 21	
×	PC	不明	→ オハ 70 23	オハ70-Bタイプ		→ スニ 75 23	スニ75-Bタイプ		→ オエ 70 22	
×	EC	サハ 36 050	→ オハ 70 102	オハ70-Cタイプ		→ スニ 73 4	スニ73-Aタイプ		→ オエ 70 23	
×	PC	不明	→ オニ 70 7	オニ70-Aタイプ					→ オエ 70 24	
×	PC	不明	→ オハ 70 20	オハ70-Bタイプ		→ スニ 75 20	スニ75-Bタイプ		→ オエ 70 25	
×	EC	サハ 39 029	→ オハ 70 66	オハ70-Cタイプ		→ スニ 73 18	スニ73-Aタイプ		→ オエ 70 26	
×	PC	スニ 30 18	→ オハ 70 26	オハ70-Aタイプ		→ スニ 75 26	スニ75-Aタイプ		→ オエ 70 27	※3B
×	EC	モハ 50 042	→ オハ 70 68	オハ70-Cタイプ		→ スニ 73 20	スニ73-Aタイプ		→ オエ 70 28	
×	PC	オハ 31 45	→ オハ 70 1	オハ70-Aタイプ		→ スニ 75 1	スニ75-Cタイプ		→ オエ 70 29	
○	PC	オハフ 30 57	→ オニ 70 2	オニ70-Cタイプ					→ オエ 70 30	
×	PC	オハ 31 286	→ オハ 70 25	オハ70-Bタイプ		→ スニ 75 25	スニ75-Bタイプ		→ オエ 70 31	
×	PC	スニ 30 23	→ オハ 70 74	オハ70-Bタイプ		→ スニ 75 53	スニ75-Bタイプ		→ オエ 70 32	
○	PC	オハ 31 396	→ オハ 70 8	オハ70-Gタイプ		→ スニ 75 8	スニ75-Hタイプ		→ オエ 70 33	
×	PC	スユ 30 18	→ オハ 70 76	オハ70-Bタイプ		→ スニ 75 55	スニ75-Bタイプ		→ オエ 70 34	
×	PC	オロ 31 73	→ オハ 70 27	オハ70-Bタイプ		→ スニ 75 27	スニ75-Bタイプ		→ オエ 70 35	
×	EC	クハ 38 003	→ オハ 70 45	オハ70-Bタイプ		→ スニ 75 91	スニ75-Dタイプ		→ オエ 70 36	
×	EC	モハ 30 064	→ オハ 70 73	オハ70-Cタイプ		→ スニ 73 29	スニ73-Aタイプ		→ オエ 70 37	
×	EC	クハ 65 069	→ オハ 70 69	オハ70-Cタイプ		→ スニ 73 21	スニ73-Aタイプ		→ オエ 70 38	※2
×	PC	スニ 30 69	→ オハ 70 24	オハ70-Bタイプ		→ スニ 75 24	スニ75-Bタイプ		→ オエ 70 39	
×	EC	クハ 65 196	→ オハ 70 106	オハ70-Cタイプ		→ スニ 73 7	スニ73-Aタイプ		→ オエ 70 40	
○	PC	オハ 31 4	→ オハ 70 18	オハ70-Kタイプ		→ スニ 75 18	スニ75-Lタイプ		→ オエ 70 41	
×	PC	スニ 30 42	→ オハ 70 17	オハ70-Bタイプ		→ スニ 75 17	スニ75-Bタイプ		→ オエ 70 42	
○	EC	モハ 30 127	→ オハ 70 84	オハ70-Pタイプ		→ スニ 73 6	スニ73-Bタイプ		→ オエ 70 43	
×	PC	オハ 31 220	→ オハ 70 114	オハ70-Bタイプ		→ スニ 75 79	スニ75-Bタイプ		→ オエ 70 44	
○	PC	オロハ 30 18	→ オハ 70 10	オハ70-Iタイプ		→ スニ 75 10	スニ75-Jタイプ		→ オエ 70 45	
○	EC	モハ 30 071	→ オハ 70 87	オハ70-Pタイプ		→ スニ 73 33	スニ73-Bタイプ		→ オエ 70 46	
×	EC	サハ 36 006	→ オハ 70 32	オハ70-Cタイプ		→ スニ 73 13	スニ73-Aタイプ		→ オエ 70 47	
×	EC	モハ 31 012	→ オハ 70 67	オハ70-Cタイプ		→ スニ 73 19	スニ73-Aタイプ		→ オエ 70 48	
×	EC	クハ 65 125	→ オハ 70 46	オハ70-Cタイプ		→ スニ 73 27	スニ73-Aタイプ		→ オエ 70 49	
×	PC	オハ 31 12	→ オハ 70 13	オハ70-Aタイプ		→ スニ 75 13	スニ75-Cタイプ		→ オエ 70 50	
×	PC	スニ 30 108	→ オハ 70 59	オハ70-Bタイプ		→ スニ 75 49	スニ75-Bタイプ		→ オエ 70 51	
×	EC	サハ 36 014	→ オハ 70 53	オハ70-Bタイプ		→ スニ 75 101	スニ75-Bタイプ		→ オエ 70 52	※4B
×	EC	クハ 65 082	→ オハ 70 55	オハ70-Bタイプ		→ スニ 75 104	スニ75-Bタイプ		→ オエ 70 53	
×	PC	オハフ 30 14	→ オハ 70 16	オハ70-Aタイプ		→ スニ 75 16	スニ75-Aタイプ		→ オエ 70 54	
×	EC	サハ 39 031	→ オハ 70 90	オハ70-Bタイプ		→ スニ 75 106	スニ75-Bタイプ		→ オエ 70 55	
×	EC	クハ 65 118	→ オハ 70 91	オハ70-Bタイプ		→ スニ 75 107	スニ75-Bタイプ		→ オエ 70 56	
×	EC	サハ 39 034	→ オハ 70 98	オハ70-Bタイプ		→ スニ 75 110	スニ75-Dタイプ		→ オエ 70 57	
×	EC	サハ 36 020	→ オハ 70 33	オハ70-Cタイプ		→ スニ 73 14	スニ73-Aタイプ		→ オエ 70 58	
×	EC	クハ 65 032	→ オハ 70 107	オハ70-Cタイプ		→ スニ 73 34	スニ73-Aタイプ		→ オエ 70 59	
×	PC	オハ 31 263	→ オハ 70 112	オハ70-Bタイプ		→ スニ 75 77	スニ75-Dタイプ		→ オエ 70 60	
×	PC	モハ 30 038	→ オハ 70 81	オハ70-Bタイプ		→ スニ 75 109	スニ75-Bタイプ		→ オエ 70 61	
×	PC	不明	→ オユニ 70 5	オユニ70-Aタイプ					→ オエ 70 62	※4A
×	EC	モハ 30 079	→ オハ 70 71	オハ70-Cタイプ		→ スニ 73 23	スニ73-Aタイプ		→ オエ 70 63	
									■スエ71	
○	EC	クハ 55 142	→ スニ 71 4	スニ71-Cタイプ	→ マニ 71 4				→ スエ 71 1	
×	EC	モハ 60 063	→ オハ 71 108	オハ71-Cタイプ		→ マニ 74 2	マニ74-Dタイプ		→ スエ 71 2	
×	PC	オハ 35 492	→ オハ 71 94	オハ71-Aタイプ		→ マニ 76 23	マニ76-Aタイプ		→ スエ 71 3	
×	EC	サハ 48 011	→ オハ 71 112	オハ71-Cタイプ		→ マニ 74 3	マニ74-Dタイプ		→ スエ 71 4	
×	EC	モハ 60 013	→ マニ 72 6	マニ72-Aタイプ					→ スエ 71 5	
×	EC	クハ 55 059	→ マニ 72 15	マニ72-Aタイプ					→ スエ 71 6	
×	PC	スハ 32 444	→ オハ 71 100	オハ71-Bタイプ		→ マニ 76 28	マニ76-Bタイプ		→ スエ 71 7	
○	PC	スハ 32 232	→ オハ 71 501	オハ71-Lタイプ		→ オハユニ 71 2	オハユニ71-Aタイプ		→ スエ 71 8	
○	PC	スハ 32 431	→ オハ 71 502	オハ71-Lタイプ		→ オハユニ 71 3	オハユニ71-Aタイプ		→ スエ 71 9	
○	PC	オハフ 33 19	→ オハ 71 515	オハ71-Pタイプ		→ オハユニ 71 15	オハユニ71-Dタイプ		→ スエ 71 10	
×	PC	オイ 31 3	→ オハ 71 131	オハ71-Bタイプ		→ オユニ 71 5	オユニ71-Bタイプ		→ スエ 71 11	
×	PC	スロ 33 8	→ オハ 71 26	オハ71-Bタイプ		→ スユニ 72 5	スユニ72-Aタイプ		→ スエ 71 12	
○	PC	オハ 35	→ オハ 71 516	オハ71-Oタイプ		→ オハユニ 71 16	オハユニ71-Eタイプ	→ オル 71 104	→ スエ 71 13	
×	EC	サハ 78 022	→ マニ 72 5	マニ72-Aタイプ					→ スエ 71 14	
×	PC	スハ 32 114	→ オハ 71 14	オハ71-Aタイプ		→ マニ 74 65	マニ74-Aタイプ		→ スエ 71 15	
×	EC	クハ 55 019	→ オハ 71 113	オハ71-Cタイプ		→ マニ 74 4	マニ74-Dタイプ		→ スエ 71 16	
×	PC	不明	→ オハ 71 21	オハ71-Aタイプ		→ マニ 74 69	マニ74-Aタイプ		→ スエ 71 17	
×	PC	不明	→ スユ 71 2	スユ71-Aタイプ		→ スユ 72 2	スユ72-Aタイプ		→ スエ 71 18	
○	EC	クハ 55 070	→ オハ 71 11	オハ71-Dタイプ		→ スユニ 72 51	スユニ72-Gタイプ		→ スエ 71 19	
×	PC	スハ 32	→ オハ 71 110	オハ71-Bタイプ		→ マニ 76 34	マニ76-Bタイプ		→ スエ 71 20	
×	PC	不明	→ スユ 71 3	スユ71-Aタイプ		→ スユ 72 3	スユ72-Aタイプ		→ スエ 71 21	
○	EC	クハ 55 002	→ スニ 71 1	スニ71-Bタイプ	→ マニ 71 1				→ スエ 71 22	
○	EC	クハ 55 018	→ スニ 71 3	スニ71-Bタイプ	→ マニ 71 3				→ スエ 71 23	
○	PC	スハニ 31 19	→ オハ 71 517	オハ71-Qタイプ		→ オハユニ 71 17	オハユニ71-Fタイプ		→ スエ 71 24	
○	PC	スハ 32 123	→ オハ 71 513	オハ71-Lタイプ		→ オハユニ 71 13	オハユニ71-Aタイプ		→ スエ 71 25	
○	PC	スハフ 32 319	→ オハ 71 514	オハ71-Nタイプ		→ オハユニ 71 14	オハユニ71-Cタイプ		→ スエ 71 26	
×	PC	不明	→ オハ 71 3	オハ71-Aタイプ		→ マニ 74 57	マニ74-Aタイプ		→ スエ 71 27	
×	PC	スハ 32	→ オハ 71 2	オハ71-Aタイプ		→ マニ 74 56	マニ74-Aタイプ		→ スエ 71 28	
×	PC	オハ 35 299	→ オハ 71 90	オハ71-Aタイプ		→ スユニ 72 54	スユニ72-Aタイプ		→ スエ 71 29	
×	PC	不明	→ オハ 71 37	オハ71-Bタイプ		→ マニ 74 71	マニ74-Bタイプ		→ スエ 71 30	

戦災前車体残存	車種	種車形式番号	形式番号	タイプ	形式番号	形式番号	タイプ	形式番号	形式番号	
×	PC	不明	→ オハ 71 76	オハ71-Aタイプ		→ マニ 76 7	マニ76-Cタイプ		→ スエ 71 31	
○	PC	スハ 32 631	→ オハ 71 512	オハ71-Lタイプ		→ オハユニ 71 12	オハユニ71-Aタイプ		→ スエ 71 32	
×	PC	不明	→ オハ 71 46	オハ71-Bタイプ		→ オユニ 71 4	オユニ71-Aタイプ		→ スエ 71 33	
×	PC	オハ 34 120	→ オハ 71 56	オハ71-AorBタイプ		→ スユニ 72 19	スユニ72-Aタイプ		→ スエ 71 34	
×	PC	オハ 34 30	→ オハ 71 58	オハ71-AorBタイプ		→ スユニ 72 21	スユニ72-Aタイプ		→ スエ 71 35	
×	PC	不明	→ スニ 71 8	スニ71-Aタイプ	→ マニ 71 8	→ マニ 71 2008			→ スエ 71 36	
×	PC	不明	→ スニ 71 9	スニ71-Aタイプ	→ マニ 71 9	→ マニ 71 2009			→ スエ 71 37	
×	PC	オハ 35 523	→ オハ 71 4	オハ71-Aタイプ		→ マニ 74 58	マニ74-Aタイプ		→ スエ 71 38	
×	PC	オハフ 33 198	→ オハ 71 5	オハ71-Aタイプ		→ マニ 74 59	マニ74-Aタイプ		→ スエ 71 39	
×	PC	スハ 32 282	→ オハ 71 91	オハ71-Aタイプ		→ マニ 76 20	マニ76-Aタイプ		→ スエ 71 40	
○	PC	スハ 32 373	→ オハ 71 509	オハ71-Mタイプ		→ オハユニ 71 9	オハユニ71-Bタイプ		→ スエ 71 41	
○	PC	スハフ 32 290	→ オハ 71 510	オハ71-Nタイプ		→ オハユニ 71 10	オハユニ71-Cタイプ		→ スエ 71 42	
×	PC	不明	→ スユ 71 13	スユ71-Aタイプ		→ スユ 72 13	スユ72-Aタイプ		→ スエ 71 43	
×	PC	不明	→ オハ 71 38	オハ71-Aタイプ		→ マニ 74 72	マニ74-Aタイプ		→ スエ 71 44	
×	PC	不明	→ スニ 71 12	スニ71-Aタイプ	→ マニ 71 12				→ スエ 71 45	
×	PC	オハフ 33 124	→ オハ 71 73	オハ71-Bタイプ		→ マニ 76 4	マニ76-Bタイプ		→ スエ 71 46	
○	PC	スハ 36 100	→ オハ 71 508	オハ71-Lタイプ		→ オハユニ 71 8	オハユニ71-Aタイプ		→ スエ 71 47	
×	PC	不明	→ スユ 71 14	スユ71-Aタイプ		→ スユ 72 14	スユ72-Aタイプ		→ スエ 71 48	
×	PC	不明	→ スユ 71 15	スユ71-Aタイプ		→ スユ 72 15	スユ72-Aタイプ		→ スエ 71 49	
○	PC	スハ 36	→ オハ 71 507	オハ71-Lタイプ		→ オハユニ 71 7	オハユニ71-Aタイプ		→ スエ 71 50	
○	PC	スハ 32	→ オハ 71 505	オハ71-Lタイプ		→ オハユニ 71 5	オハユニ71-Aタイプ		→ スエ 71 51	
×	PC	不明	→ スユ 71 10	スユ71-Aタイプ		→ スユ 72 10	スユ72-Aタイプ		→ スエ 71 52	
×	PC	不明	→ スユ 71 7	スユ71-Aタイプ		→ スユ 72 7	スユ72-Aタイプ		→ スエ 71 53	
×	PC	不明	→ スユ 71 11	スユ71-Aタイプ		→ スユ 72 11	スユ72-Aタイプ		→ スエ 71 54	
×	PC	不明	→ スユ 71 6	スユ71-Aタイプ		→ スユ 72 6	スユ72-Aタイプ		→ スエ 71 55	
×	EC	クハ 55 066	→ オハ 71 126	オハ71-Bタイプ		→ マニ 74 12	マニ74-Bタイプ		→ スエ 71 56	
×	PC	不明	→ スニ 71 13	スニ71-Aタイプ	→ マニ 71 13				→ スエ 71 57	
×	PC	不明	→ オハ 71 77	オハ71-Aタイプ		→ マニ 76 8	マニ76-Aタイプ		→ スエ 71 58	
○	EC	モハ 60 064	→ オハ 71 124	オハ71-Kタイプ		→ マニ 74 10	マニ74-Eタイプ		→ スエ 71 59	
○	PC	スハ 32	→ オハ 71 506	オハ71-Lタイプ		→ オハユニ 71 6	オハユニ71-Aタイプ		→ スエ 71 60	
×	PC	オハ 35 392	→ オハ 71 71	オハ71-Bタイプ		→ マニ 76 2	マニ76-Bタイプ		→ スエ 71 61	
×	PC	不明	→ スユ 71 1	スユ71-Aタイプ		→ スユ 72 1	スユ72-Aタイプ		→ スエ 71 62	
×	PC	不明	→ スユ 71 12	スユ71-Aタイプ		→ スユ 72 12	スユ72-Aタイプ		→ スエ 71 63	
×	EC	モハ 40 029	→ マニ 72 16	マニ72-Aタイプ					→ スエ 71 64	
×	EC	モハ 60	→ マニ 72 17	マニ72-Aタイプ					→ スエ 71 65	
×	EC	モハ 40	→ マニ 72 18	マニ72-Aタイプ					→ スエ 71 66	
×	PC	スハニ 32 40	→ オハ 71 64	オハ71-Bタイプ		→ マニ 74 75	マニ74-Bタイプ		→ スエ 71 67	※5A
×	PC	不明	→ オハ 71 79	オハ71-Aタイプ		→ マニ 76 10	マニ76-Cタイプ		→ スエ 71 68	※5B
×	PC	スハ 32 296	→ オハ 71 22	オハ71-Bタイプ		→ マニ 74 70	マニ74-Bタイプ		→ スエ 71 69	
×	PC	不明	→ スユ 71 9	スユ71-Aタイプ		→ スユ 72 9	スユ72-Aタイプ		→ スエ 71 70	
×	EC	モハ 41 081	→ マニ 72 7	マニ72-Aタイプ					→ スエ 71 71	
×	EC	クハ 58 012or013	→ マニ 72 21	マニ72-Aタイプ					スエ 71 72	
×	EC	モハ 43	→ マニ 72 23	マニ72-Aタイプ					スエ 71 73	
×	PC	オハ 35 195	→ オハ 71 20	オハ71-Aタイプ		→ マニ 74 52	マニ74-Aタイプ		→ スエ 71 74	
×	PC	不明	→ オハ 71 32	オハ71-Aタイプ		→ マニ 74 53	マニ74-Aタイプ		→ スエ 71 75	
×	PC	スハ 32 502	→ オハ 71 6	オハ71-Aタイプ		→ マニ 74 60	マニ74-Aタイプ		→ スエ 71 76	
×	PC	スハフ 35 1	→ オハ 71 7	オハ71-Aタイプ		→ マニ 74 61	マニ74-Aタイプ		→ スエ 71 77	
×	PC	スハ 36 43	→ オハ 71 8	オハ71-Aタイプ		→ マニ 74 62	マニ74-Aタイプ		→ スエ 71 78	
×	PC	スハフ 32 233	→ オハ 71 18	オハ71-Aタイプ		→ マニ 74 67	マニ74-Aタイプ		→ スエ 71 79	
×	PC	不明	→ オハ 71 83	オハ71-Aタイプ		→ マニ 76 14	マニ76-Aタイプ		→ スエ 71 80	
×	PC	オロ 40 23	→ オハ 71 51	オハ71-Aタイプ		→ マニ 76 15	マニ76-Aタイプ		→ スエ 71 81	
○	PC	オハ 34 126	→ オハ 71 521	オハ71-Rタイプ		→ スユニ 72 31	スユニ72-Eタイプ		→ スエ 71 82	
×	EC	サハ 78 013or014	→ オハ 71 125	オハ71-Cタイプ		→ マニ 74 11	マニ74-Dタイプ		→ スエ 71 83	
×	PC	オロ 35 39	→ オハ 71 15	オハ71-Aタイプ		→ マニ 74 66	マニ74-Aタイプ		→ スエ 71 84	
×	EC	クハ 58 011	→ マニ 72 22	マニ72-Aタイプ					スエ 71 85	
×	PC	スハ 36 2	→ オハ 71 17	オハ71-Aタイプ		→ マニ 74 51	マニ74-Aタイプ		→ スエ 71 86	
×	PC	不明	→ オハ 71 80	オハ71-Aタイプ		→ マニ 76 11	マニ76-Cタイプ		→ スエ 71 87	
×	EC	モハ 60 103	→ オハ 71 127	オハ71-Bタイプ		→ マニ 74 13	マニ74-Bタイプ		→ スエ 71 88	
×	PC	オハ 35 524	→ オハ 71 95	オハ71-Aタイプ		→ マニ 76 24	マニ76-Cタイプ		→ スエ 71 89	
○	PC	スハ 32 468	→ オハ 71 109	オハ71-Iタイプ		→ マニ 76 33	マニ76-Dタイプ		→ スエ 71 90	
×	PC	オハフ 33 204	→ オハ 71 41	オハ71-AorBタイプ		→ スユニ 72 12	スユニ72-Aタイプ		→ スエ 71 91	
×	PC	スハニ 31 34	→ オハ 71 74	オハ71-Bタイプ		→ マニ 76 5	マニ76-Bタイプ		→ スエ 71 92	
×	PC	スハフ 32	→ オハ 71 111	オハ71-Bタイプ		→ マニ 76 35	マニ76-Bタイプ		→ スエ 71 93	
×	PC	スイネ 30 14	→ オハ 71 103	オハ71-Bタイプ		→ マニ 76 30	マニ76-Bタイプ	→ マニ 76 2030	→ スエ 71 94	
×	PC	不明	→ スニ 71 15	スニ71-Aタイプ	→ マニ 71 15	→ マニ 71 2015			→ スエ 71 95	
○	EC	クハ 55 114	→ オハ 71 13	オハ71-Fタイプ		→ スユニ 72 53	スユニ72-Iタイプ		→ スエ 71 96	
×	PC	スロ 33 7	→ オハ 71 42	オハ71-AorBタイプ		→ スユニ 72 13	スユニ72-Aタイプ		→ スエ 71 97	
○	PC	スロハ 31 33	→ オハ 71 43	オハ71-Hタイプ		→ スユニ 72 14	スユニ72-Dタイプ		→ スエ 71 98	
×	EC	サハ 78 031	→ マニ 72 1	マニ72-Aタイプ	→ マニ 72 2001				→ スエ 71 99	
×	EC	サハ 78 032	→ マニ 72 2	マニ72-Aタイプ	→ マニ 72 2002				→ スエ 71 100	
×	EC	サハ 48 023	→ マニ 72 4	マニ72-Aタイプ	→ マニ 72 2004				→ スエ 71 101	
×	PC	スハ 36 92	→ オハ 71 1	オハ71-Aタイプ		→ マニ 74 55	マニ74-Aタイプ		→ スエ 71 102	
×	PC	スロハフ 30 3	→ オハ 71 99	オハ71-Aタイプ		→ マニ 74 80	マニ74-Aタイプ		→ スエ 71 103	
									■スエ78	
×	PC	マハ 47 6	→ マニ 77 1	マニ77-Aタイプ	→ マニ 78 1				→ スエ 78 1	
×	PC	マハ 47 70	→ マニ 77 3	マニ77-Aタイプ	→ マニ 78 3				→ スエ 78 2	
×	PC	マハ 47 91	→ マニ 77 4	マニ77-Aタイプ	→ マニ 78 4				→ スエ 78 3	
×	PC	マハ 47 128	→ オハ 77 1	オハ77-AorBタイプ	→ オハ 78 1	→ マユニ 78 1	マユニ78-Aタイプ		→ スエ 78 4	
×	PC	マハ 47 55	→ オハ 77 20	オハ77-AorBタイプ	→ オハ 78 20	→ マユニ 78 7	マユニ78-Aタイプ		→ スエ 78 5	
×	PC	マハ 47 114	→ オハ 77 23	オハ77-AorBタイプ	→ オハ 78 23	→ マユニ 78 9	マユニ78-Aタイプ		→ スエ 78 6	
×	PC	マハ 47 115	→ オハ 77 27	オハ77-AorBタイプ	→ オハ 78 26	→ マユニ 78 10	マユニ78-Aタイプ		→ スエ 78 7	
×	PC	~~カニ 37 1~~	→ オハ 77 9	オハ77-AorBタイプ	→ オハ 78 9	→ マユニ 78 13	マユニ78-Aタイプ		→ スエ 78 8	
×	PC	マハ 47 73	→ オハ 77 6	オハ77-AorBタイプ	→ オハ 78 6	→ マユニ 78 19	マユニ78-Aタイプ		→ スエ 78 9	
×	PC	マハ 47 125	→ マニ 77 6	マニ77-Aタイプ	→ マニ 78 5				→ スエ 78 10	
×	PC	~~カニ 37 5~~	→ オハ 77 2	オハ77-Aタイプ	→ オハ 78 2	→ マユニ 78 2	マユニ78-Aタイプ		→ スエ 78 11	
×	PC	マハ 47 13	→ オハ 77 12	オハ77-Bタイプ	→ オハ 78 12	→ マユニ 78 3	マユニ78-Aタイプ		→ スエ 78 12	
×	PC	マハ 47 126	→ オハ 77 28	オハ77-AorBタイプ	→ オハ 78 27	→ マユニ 78 11	マユニ78-Aタイプ		→ スエ 78 13	
×	PC	マハ 37 4	→ オハ 77 29	オハ77-Bタイプ	→ オハ 78 28	→ マユニ 78 12	マユニ78-Aタイプ		→ スエ 78 14	
×	PC	スハシ 49 21	→ オハ 77 8	オハ77-AorBタイプ	→ オハ 78 8	→ マユニ 78 21	マユニ78-Aタイプ		→ スエ 78 15	※6

※1：廃車後，スエ31 17(公式スハフ32 324改造)の種車として振替
※2：途中からマニ60 77(1978年廃車)の廃車車体に振替(二代目車体)
※3A：1964年廃車後，オエ70 27(二代目車体)に振替
※3B：途中からスニ75 48(1964年廃車)の廃車車体に振替(二代目車体)
※4A：1969年廃車後，オエ70 52(二代目車体)に振替
※4B：途中からオエ70 62(1969年廃車)の廃車車体に振替(二代目車体)
※5A：1977年廃車後，スエ71 68(二代目車体)に振替
※5B：途中からスエ71 67(1977年廃車)の廃車車体に振替(二代目車体)
※6：JR東日本に継承

終わりに

この下巻をもって無事に70系戦災復旧客車の分類が完了した。類似の分類結果である、拙著「マニ35・36・37形 —改造荷物車のバリエーション—」（『RM Library』No.134・135、『RM Re-Library』No.2として復刻）では、基本形の中に変形車が混ざるため、比較的分類が容易であった。しかし、この70系は変形車ばかりである。加えて座席車時代と郵便荷物車改造後の両方があり、整理に格段の難しさがあり、相当の時間を要した。なお、主要参考文献は上巻15頁にまとめている。

本書をまとめるにあたり同好の方々には種々ご協力をいただいた。とりわけ、閲読をお願いした井原 実氏には、記述や分類のミスを大変丁寧に指摘いただき、改善をはかることができた。ここに謝して結びとする。

■協力者ご芳名（敬称略）
（故）筏井満喜夫、稲葉克彦、井原　実、（故）伊藤　昭、伊藤威信、宇野　昭、（故）浦原利穂、（故）江本廣一、（故）荻原二郎、荻原俊夫、（故）奥野利夫、小野田 滋、（故）亀井一男、小松重次、小山政明、（故）片山康毅、（故）葛　英一、久保　敏、佐竹保雄、（故）佐藤進一、（故）沢柳健一、芝間政司、（故）菅野浩和、（故）鈴木靖人、（故）瀬古龍雄、千代村資夫、（故）豊永泰太郎、（故）富樫俊介、（故）中島忠夫、中村光司、（故）中村夙雄、野村一夫、（故）長谷川 明、（故）平井宏司、（故）藤井　曄、藤本邦彦、（故）星　晃、掘井純一、前里　孝、（故）丸森茂男、三橋克己、宮崎繁幹、吉岡真一、吉野　仁、渡辺和義、和田　洋

窓配置は標準的だが丸屋根が目立つスニ75 24または25（スニ75-Aタイプ）が最後尾に連結された客車列車。
P：鈴木靖人